Maryam Mansor
Mahdi Al-Ammar

Deteção fenotípica e genotípica de MDR de P aeruginosa e B cepecia

Maryam Mansor
Mahdi Al-Ammar

Deteção fenotípica e genotípica de MDR de P aeruginosa e B cepecia

Isolado de doentes com úlcera do pé diabético na província de Al Najaf

ScienciaScripts

Imprint

Cover image: www.ingimage.com

This book is a translation from the original published under ISBN 978-620-7-64858-0.

Publisher:
Sciencia Scripts
is a trademark of
Dodo Books Indian Ocean Ltd. and OmniScriptum S.R.L publishing group

120 High Road, East Finchley, London, N2 9ED, United Kingdom
Str. Armeneasca 28/1, office 1, Chisinau MD-2012, Republic of Moldova, Europe
Printed at: see last page
ISBN: 978-620-7-70227-5

Dedicação

Àquele que é a fonte de força na minha vida

Para o grande coração....... meu pai

Para aqueles que me deram amor e ternura

Ao símbolo do amor e da cura

Ao coração branco puro.......my mather

Ao Sindi e ao meu refúgio depois de Deus

A quem me mostrou o que é melhor do que a vida.......... o meu marido laith

Maria

Agradecimentos

Todos os louvores pertencem ao poderoso Alá, o mais misericordioso, o mais benéfico e o mais bondoso, e bênçãos sobre Maomé, o profeta, e sobre a sua família.

Gostaria deexpressar os meus sinceros agradecimentos ao meu orientador, Prof. Dr. **Mahdi Hussain M. Al-Ammar,** por ter sugerido e supervisionado este trabalho e pelos seus valiosos conselhos e assistência científica durante a investigação e redação desta tese.

Agradecemos sinceramente ao Departamento de Biologia da Faculdade de Ciências da Universidade de Kufa pela sua ajuda e cooperação.

Gostaria de expressar o meu profundo agradecimento ao Prof. ***Dr. Ali Muhsin Al-Muhanna*** *do Departamento de Microbiologia da Faculdade de Medicina da Universidade de Kufa pela sua ajuda e cooperação.*

Os meus agradecimentos são devidos ao **Dr. Mohammad Al-Ziadi**, ao **Dr. Nabil Tuwaij,** à Dra. **ZahraaYosif,** ao **MSc.Nbras** da Faculdade de Ciências da Universidade de Kufa pela sua ajuda e orientação.

Os meus sinceros agradecimentos ao pessoal médico e aos doentes da *Cidade Médica de* Al-Sadder, na cidade de Al-Najaf, por terem ajudado na recolha de espécimes.

Agradecimentos especiais e apreço são devidos a **Israa Abdul Ameer Flayyih e** ao **Dr. karrar** *pela sua assistência e apoio moral.*

Estou sinceramente grato e agradecido à minha família por me ter apoiado na realização do meu trabalho de tese.

Por último, os meus agradecimentos são extensivos a todas as pessoas que me ajudaram a concluir este trabalho.

A todos, a minha mais profunda gratidão.

Maryam-ALmuhanna

Resumo:

O estudo tem como objetivo isolar e identificar bactérias aeróbicas de úlceras de pé diabético em pacientes diabéticos e investigar a resistência das bactérias ao agente antibiótico. O presente estudo incluiu 120 espécimes coletados de pacientes que sofrem de úlcera de pé diabético que frequentam a cidade médica de Alsader, durante o período estendido de setembro de 2019 a novembro de 2019 para ambos os sexos com uma idade variada entre (20 -70) anos. Os resultados revelaram que 100 (83,3%) espécimes deram uma cultura positiva e os outros 20 (16,7) % foram cultura negativa. Os resultados revelaram que a frequência entre os homens era 74 (61,7%) superior à das mulheres 46 (38,3%). A distribuição da amostra de acordo com a idade parece ser elevada, 39,1%, com o grupo 51-60 anos. Os resultados mostraram que as bactérias G-ve revelaram uma taxa elevada de 71 (64,5%), 21 (19,1%) pertenciam à *E. coli*, depois à *P. aeruginosa* 17 (15,4%) seguida da *K. pneumonia* com 15 (13,6%), *Proteus mirabillis* 7 (6,3%), *Proteus vulgaris* 3 (2,7%) e *Burkholderia cepecia* 8 (7,2%). Dos 100 espécimes, apenas 21 (19,1) % dos isolados pertencem a *S. aureus*, seguido de *S. epidermidis* 18 (16,3%).

Entre os isolados bacterianos, *P. aeruginosa* 17 (15,4%) e *B. cepecia* 8 (7,2%) foram isolados e diagnosticados a partir de amostras clínicas de úlcera do pé diabético e detectaram a resistência antibacteriana a alguns agentes antibacterianos fenotípica e genotipicamente.

Foram determinados alguns factores de virulência relacionados com a resistência antibacteriana, tais como: adesão e produção de biofilme. O presente estudo demonstrou que 15(88,2%) e 6(75%) dos isolados eram fortes na formação de biofilme, 2(11,7%), 2(25%) moderados e 0 fracos pelo método da placa de cultura de tecidos, e 15(60%) dos isolados eram capazes de produzir adesão. Por outro lado, para estudar a sensibilidade dos isolados a diferentes antibióticos, foram efectuados testes pelo método de difusão em disco de Kirby-Bauer.

A P. aeruginosa apresentou níveis variados de resistência a: ceftriaxona, cefoxitina e cefepima com uma percentagem de (100%); tobramicina, ciproflaxina e levofloxacina com uma percentagem de (41.1%); ticarclina com ácido clavulânico, piperaclina, ceftazidima, amicacina com percentagem de (35,2%); aztreonam com percentagem de (47,5); meropenem e imipenem com percentagem de (23,5%).

Ao mesmo tempo, os isolados de *B. cepacia* apresentaram um elevado nível de resistência a todas as classes de antibióticos β-lactâmicos, incluindo: ceftriaxona, cefoxitina e cefepima, com uma percentagem de (100%); ticarclina com ácido clavulânico, piperaclina, ceftazidima, tobramicina, ciproflaxina e levofloxacina, com uma percentagem de (87,5%); aztreonam e amicacina, com uma percentagem de (62,5%); meropenem, imipenem e gentiamicina, com uma percentagem de (37,5%).5%); aztreonam e amicacina com uma percentagem de (62,5%); meropenem, imipenem e gentiamicina com uma percentagem de (37,5%).

No estudo molecular, foi utilizado para detetar os quatro tipos de genes (***bla**$_{IMP}$* **,** ***bla*** **,** ***bla**$_{OXAKPC}$* **,** ***bla**$_{CTX\text{-}M}$* **e classe 1 Integron**). Os resultados mostraram que os isolados de *P. aerginosa* tinham o gene *blaOXA em 8* (47,1%) e 10 (58,8%) dos isolados tinham o gene *blaCTX-M.* Todos os isolados de *P. aeruginosa* deram resultados negativos para os genes *blaIMP* e *blaKPC* e a análise PCR mostrou que o gene integrão era 16 (94,1%). Relativamente aos isolados de *B. cepacia,* 6 (75%) apresentavam os genes *blaOXA* e *blaCTX-M,* todos os isolados de *B. cepacia* deram resultado negativo para os genes *blaIMP* e *blaKPC e,* finalmente, a análise PCR mostrou que o gene integrão era 3 (37,5%). Estes dados confirmaram a elevada prevalência de integrões de classe 1 entre os isolados de *P. aeruginosa* e *B. cepacia* provenientes de doentes com úlcera do pé diabético. Com base nestes resultados, os integrões podem desempenhar um papel importante na possível transmissão de genes de resistência às bactérias clínicas.

Lista de conteúdos

Lista de abreviaturas

Abbreviation	Mean
ESBL	Extended-Spectrum β-Lactamases
DM	Diabetes mellitus
DF	Diabetic foot
DFI	Diabetic foot infection
DFU	Diabetic Foot ulcer
D.W.	Distilled water
DNA	Deoxyribonucleic acid
PCR	Polymerase chain reaction
AST	Antibiotics susceptibility testing
CLSI	Clinical Laboratory Standards Institute
CTX-M	Cefotaximase, β-lactamase active on cefotaxime
KPC	*K. pneumoniae* carbapenemase
MDR	Multi-drug resistant
MR-VP	Methyl red-voges proskauer
OXA	Oxacillinases, β-lactamase active on oxacillin

Capítulo I

Introdução

1.1. Introdução.

A diabetes mellitus (DM) é uma doença crónica causada por uma deficiência hereditária e/ou adquirida na produção de insulina pelo pâncreas, ou pela ineficácia da insulina produzida. Tal deficiência resulta em concentrações aumentadas de glicose no sangue, que por sua vez danificam muitos dos sistemas do corpo, em particular os vasos sanguíneos e nervos, e constitui a causa mais frequente de hospitalização relacionada com a diabetes (Spichler *et al.,* 2015).

As úlceras do pé diabético são uma das principais causas de mortalidade e morbilidade entre as pessoas com diabetes. Incluem uma lesão em todas as camadas da pele, necrose ou gangrena que ocorrem geralmente nas plantas dos pés, em resultado de neuropatia periférica ou doença arterial periférica (DAP) em doentes com diabetes (Wang *et al.*,2012).

Os principais factores que podem contribuir para o desenvolvimento de úlceras nos pés são a neuropatia periférica, a doença vascular periférica, o mau controlo glicémico, a deformidade do pé, o historial de úlceras nos pés, a amputação anterior, a deficiência visual, a nefropatia diabética (especialmente nos doentes em diálise) e o consumo de tabaco. A terapêutica com antibióticos deve basear-se nos resultados da cultura bacteriana e na capacidade de toxicidade do antibiótico. A diabetes não controlada ou mal controlada reduz a eficácia das células imunitárias que lutam contra as bactérias, pelo que mesmo um pequeno corte pode dar origem a uma ferida aberta chamada úlcera. Nos doentes com diabetes, a circulação microvascular na região do pé diabético pode estar comprometida, o que limita o acesso das células fagocíticas, resultando em infeção bacteriana (Spichler *et al.,*2015).

Pensa-se que cerca de 80 % das infecções de úlceras do pé humano envolvem biofilmes bacterianos. Os biofilmes formam-se quando as bactérias se fixam a uma superfície ou se agregam e formam microcolónias, embebidas numa matriz extracelular protetora de polissacarídeos.

As bactérias que crescem em biofilmes maduros são muito difíceis de erradicar do hospedeiro devido ao desenvolvimento de vários mecanismos de resistência. Um dos agentes patogénicos mais comuns nas feridas crónicas é a *Pseudomonas aeruginosa*, um micróbio muito problemático devido à sua capacidade de formar biofilmes resistentes. *A P. aeruginosa* é um agente patogénico oportunista, frequentemente adquirido em ambientes hospitalares e está muitas vezes associado a infecções respiratórias e urinárias, em feridas causadas por queimaduras e em feridas crónicas (Thomsen *et al.*, 2010).

Uma vez estabelecida numa ferida, a bactéria é quase impossível de eliminar com antibióticos devido à formação de biofilme (Kirketerp-Møller *et al.*, 2008). Uma vez que as infecções bacterianas de *P. aeruginosa* em feridas crónicas são tão comuns, é importante que o penso utilizado para o tratamento não promova ou facilite o crescimento bacteriano, uma vez que se verificou que as bactérias gram-negativas eram mais prevalentes no ambiente da ferida diabética, enquanto as bactérias gram-positivas eram predominantes nas úlceras não diabéticas. As bactérias podem apresentar tolerância aos antimicrobianos que é dependente ou independente de alterações genéticas. Isto inclui adaptações do estilo de vida bacteriano, por exemplo, crescimento planctónico versus crescimento em biofilme, anaerobiose intracelular ou formação de células persistentes. Os organismos do complexo *Burkholderia cepacia* (Bcc) são agentes patogénicos nosocomiais oportunistas capazes de causar doenças graves em indivíduos imunocomprometidos. As bactérias empregam frequentemente mecanismos díspares que actuam em sinergia para atingir uma resistência elevada (Kirketerp-Møller *et al.*, 2008).

No entanto, estes dados podem sobrestimar a ocorrência de resistência nos organismos *Burkholderia cepetia*, uma vez que o estudo foi realizado em isolados de doentes solicitados por serem, de facto, multirresistentes. Apesar desta ressalva, os padrões de resistência, tanto intrínseca como adquirida, não devem ser ignorados nestes organismos. A resistência adquirida ou intrínseca, muitas vezes de alto nível, de bactérias não entéricas, como *P. aeruginosa* e espécies de *Burkholderia,* é em grande parte atribuível à sinergia entre a penetração reduzida e o efluxo da célula (Dance, 2014).

O objetivo do presente estudo é realizar uma análise molecular da multirresistência de *P. aeruginosa* e *B. cepacia* e determinar o seu padrão de resistência aos antibióticos, bem como comparar estes resultados recentes com os relatados no nosso estudo anterior. entre os doentes com úlcera do pé diabético através dos seguintes objectivos

1. Isolamento e identificação de isolados bacterianos de doentes com úlcera do pé diabético através de testes de rotina e confirmação pelo sistema VITEK.
2. O perfil de suscetibilidade das bactérias ao antibiograma foi determinado utilizando a difusão em disco de Kirby-Bauer.
3. Detetar a patogenicidade relacionada com a resistência aos antibióticos, como a formação de biofilme, a adesão e a produção de β-lactamase.
4. Deteção molecular de genes de resistência antibacteriana, tais como blaImp, blaOxa, blaKpc, blaCTX-M e intgron I.

Capítulo II

Revista Literaturas

2. Revisão de Literaturas

2.1. Diabetes Mellitus

É definida pela Organização Mundial de Saúde (OMS) como uma doença metabólica de etiologia múltipla caracterizada por hiperglicemia crónica com perturbação do metabolismo dos hidratos de carbono, das gorduras e das proteínas, resultante de defeitos na secreção de insulina, na ação da insulina ou em ambas. A diabetes mellitus (DM) é provavelmente uma das doenças mais antigas conhecidas pelo homem. Foi relatada pela primeira vez num manuscrito egípcio há cerca de 3000 anos. Esta doença é um grave problema de saúde em rápida expansão a nível mundial. De acordo com a Federação Internacional de Diabetes, a prevalência da diabetes está estimada em 415 milhões (8,3% da população adulta mundial) a nível global, prevendo-se que aumente de forma alarmante para 642 milhões em 2040; o que representa um aumento significativo num pequeno período de tempo (Jhamb *et al.,*2016).

O número de pessoas com DM tem aumentado de forma constante nas últimas décadas, devido ao crescimento populacional, ao aumento da idade média da população, ao aumento da prevalência da diabetes em cada idade, ao aumento da prevalência da obesidade, às alterações nos níveis de atividade física e aos padrões de ingestão alimentar. Tem aumentado substancialmente em países de todos os níveis de rendimento, espelhando o aumento global do número de pessoas com excesso de peso ou obesidade (Organização Mundial de Saúde,2016). Por outro lado, os efeitos a longo prazo da DM incluem o desenvolvimento progressivo das complicações específicas da retinopatia com potencial cegueira, nefropatia que pode levar à insuficiência renal, e/ou neuropatia com risco de úlceras nos pés, amputação, articulações de charcot e neuropatia autonómica causando doenças gastrointestinais, geniturinárias, cardiovasculares e disfunção sexual. A maioria dos casos de diabetes enquadra-se em duas grandes categorias etiopatogénicas. Numa categoria, a diabetes de tipo 1 e na outra, muito mais prevalente, a diabetes de tipo 2. A diabetes de tipo 1 é uma doença grave e crónica que está associada a uma morbilidade e mortalidade significativas (Valentine *et al.*,2017). A diabetes resulta da destruição autoimune mediada por células das células β do pâncreas, levando a uma deficiência absoluta de insulina. Nesta forma de diabetes, a taxa de destruição das células β é bastante variável, sendo rápida em alguns indivíduos, principalmente em bebés e crianças, e lenta noutros, principalmente em adultos. (Pratley,2013). As úlceras e infecções do pé diabético são complicações comuns da doença do pé diabético. Além disso, estas complicações são uma causa comum de morbilidade e impõem um ónus substancial ao doente e à sociedade. É imperativo compreender os principais factores contribuintes, nomeadamente a neuropatia diabética, a doença arterial periférica e a disfunção do sistema imunitário, a fim de orientar o tratamento. A gestão da doença do pé diabético começa com uma história pormenorizada e um exame físico completo (Richard *et al.* ,2011)

2.2 Úlcera do pé diabético

Um pé afetado por ulceração que está associada a neuropatia e doença arterial periférica do membro inferior num doente com diabetes. Além disso, a úlcera do pé diabético geralmente não cicatriza e leva à amputação da extremidade inferior (Yazdanpanah *et al.*,2015).

A nível mundial, as úlceras do pé diabético são um dos principais problemas de saúde pública que acarretam encargos socioeconómicos para os indivíduos que as sofrem. A condição grave é a úlcera crónica que leva à amputação, o que pode reduzir a qualidade de vida dos doentes diabéticos. A ulceração do pé diabético não ocorre espontaneamente, mas geralmente segue-se a algum tipo de traumatismo, que pode passar despercebido ao doente. Este traumatismo pode ser infligido por calçado mal ajustado, andar descalço, objectos estranhos ou escaldões provocados por água quente (Rathnr e Boulton, 2007). A úlcera pode ser superficial, ou seja, uma "lesão de espessura total da pele que não penetra em nenhuma estrutura mais profunda do que a derme", ou profunda, ou seja, "lesão de espessura total da pele que penetra abaixo da derme até às estruturas subcutâneas envolvendo fáscia, músculo, tendão ou osso". O processo de cicatrização de feridas compreende mecanismos biológicos complexos despoletados pela lesão, envolvendo quatro etapas fundamentais: (i) hemostasia; (ii) inflamação; (iii) proliferação e (iv) remodelação dos tecidos factores que afectam a cicatrização das úlceras do pé diabético que incluem a localização da úlcera, a duração da diabetes, a duração da úlcera, a presença de insuficiência cardíaca e de doença arterial periférica (Picwell *et al* .,2013).

2.3. Agentes causadores da úlcera do pé diabético

Os organismos causadores mais comuns são as bactérias aeróbias gram-positivas presentes na superfície da pele, como os estreptococos β-hemolíticos (*Streptococcus pyogenes, Streptococcus agalactiae*) ou *S. aureus*. Em contrapartida, as infecções são geralmente polimicrobianas em doentes com diabetes que utilizaram antibióticos nos últimos 30 dias e em doentes com infecções profundas que ameaçam os membros ou feridas crónicas que não cicatrizam. As bactérias anaeróbias fazem geralmente parte de infecções polimicrobianas em feridas com corrimento fétido, isquemia do membro ou gangrena (Scott *et al*.,2016). *A P. aeruginosa* é um bacilo Gram negativo não formador de esporos e não fermentativo. As células de *Pseudomonas* possuem um único flagelo polar. *As Pseudomonas spp.* têm uma ampla gama de temperaturas de crescimento, crescendo igualmente bem à temperatura ambiente e a 37°C, sendo observadas taxas de crescimento mais lentas a 4°C (Pier e Ramphal, 2005). Os factores de virulência *da P. aeruginosa* contribuem para a patogénese. Os pilares e os flagelos são essenciais para a sua capacidade de persistir nos tecidos do hospedeiro e causar infecções disseminadas. Produz muitos tipos de pigmentos solúveis, dos quais a piocianina e a pioverdina são os mais comuns. A piocianina refere-se ao "pus azul", que é uma caraterística das infecções superlativas causadas por *P. aeruginosa* (Forbes *et al.*, 2007).

Verificou-se que a *P. aeruginosa* causa uma variedade de infecções na prática clínica, para além de infecções respiratórias, incluindo septicemia aguda comum de queimaduras ou infeção de feridas cirúrgicas, infeção do trato urinário, septicemia e diabetes. A infeção final por *Pseudomonas* pode ser vista como composta por três fases distintas: (1) fixação bacteriana e colonização *A P. aeruginosa* tem múltiplos pili. Estes filamentos medeiam a fixação aos tecidos epiteliais do hospedeiro e formam uma translocação de superfície (2) invasão local (3) doença sistémica disseminada (Skariyachan *et al.*,2018).

A protease promove a infeção e a disseminação, a elastase degrada o colagénio e as proteínas não colagénicas do hospedeiro e, por conseguinte, a elastase perturba as barreiras físicas do hospedeiro que inibem a propagação de infecções, a elastase também inibe a quimiotaxia dos monócitos que podem eliminar as infecções por fagocitose, bem como a apresentação de antigénios ao sistema imunitário do hospedeiro (Mackiewicz *et al.*,2016). Uma caraterística distintiva da patogenicidade da *P. aeruginosa* é a matriz de lodo que forma biofilme, o alginato pode desempenhar um papel nas funções associadas ao biofilme, como a adesão e a resistência aos antibióticos (Deligianni *et al.*,2010).

O complexo *Burkholderia cepacia* (Bcc) é um grupo de bactérias gram-negativas estreitamente relacionadas, compreendendo pelo menos 9 espécies, que são rotineiramente isoladas do ambiente natural. No entanto, estas bactérias podem também causar frequentemente infecções fatais em seres humanos vulneráveis, como os que sofrem de úlceras nos pés. Uma vez que as bactérias Bcc não são normalmente transportadas como organismos comensais, considera-se que as principais fontes de infeção são a propagação de doente para doente, o ambiente hospitalar, incluindo dispositivos médicos e desinfectantes contaminados, e o ambiente (Baldwin *et al.*,2007). Por conseguinte, embora as espécies de Bcc possam ter um papel ambiental importante na agricultura e nas indústrias biotecnológicas, a sua utilização também representa um risco clínico potencial para os membros susceptíveis da comunidade. O complexo *Burkholderia* (anteriormente *Pseudomonas*) *cepacia* consiste atualmente em 18 espécies bacterianas distintas com uma ampla distribuição ambiental no solo e nas plantas, especialmente no caule subterrâneo (rizoma) (Pegues, 2017).

Embora as estirpes do complexo *B. cepacia* sejam frequentemente isoladas do ambiente natural, as espécies ambientais comuns são raramente associadas à infeção humana. Historicamente considerado como um organismo de baixa patogenicidade, o complexo *B. cepacia* pode ser transmitido de pessoa para pessoa, tanto em contextos de cuidados de saúde como fora deles, e tanto o contacto direto como indireto com secreções infecciosas e a disseminação de gotículas têm sido implicados na transmissão (Pegues,2017). O complexo B. *cepacia* pode sobreviver durante longos períodos na água ou em desinfectantes, e os surtos de infeção pelo complexo *B. cepacia* associados aos cuidados de saúde têm sido associados a medicamentos e soluções nebulizados e intravenosos contaminados, incluindo produtos compostos e distribuídos comercialmente, produtos de cuidados da pele, desinfectantes e desinfeção inadequada de dispositivos médicos reutilizáveis (Pegues,2017).

O complexo *B. cepacia* (Bcc) consiste em organismos Gram-negativos não fermentadores de glucose frequentemente encontrados no ambiente (Tamma *et al.*,2018). São agentes patogénicos oportunistas geralmente confinados a doentes com fibrose cística, doença granulomatosa crónica ou ferragens de demora. Com o recente surto nacional relacionado com o docusato de sódio líquido oral contaminado, a população em risco de síndromes infecciosas por Bcc aumentou (Adam.,2007). Em comparação com as CIM para isolados planctónicos do complexo *B. cepacia*, as concentrações inibitórias do biofilme são substancialmente mais elevadas para a maioria dos agentes β-lactâmicos (Caraher *et al.*, 2007). Outros factores de virulência putativos incluem a expressão genética regulada por quorum sensing, a produção de exopolissacáridos associada ao fenótipo mucoide que promove a evasão da resposta do hospedeiro e a persistência, e o lipopolissacárido que contribui para os danos nos tecidos imunomediados. Existe uma correlação inversa entre a quantidade de produção de exopolissacarídeos mucóides por estirpes de *B. cepacia* e a taxa de declínio da função dos órgãos, provavelmente relacionada com o aumento da expressão superficial de factores de virulência em estirpes não mucóides (Zlosnik *et al.*, 2011).

As manifestações clínicas do complexo *B. cepacia* têm sido associadas tanto a infecções esporádicas como a surtos em hospitais e outros locais de prestação de cuidados de saúde, incluindo infecções da corrente sanguínea associadas a dispositivos em doentes imunocomprometidos (Mann *et al.*, 2010). infeção do trato respiratório inferior, particularmente associada a medicamentos nebulizados e ventilação mecânica (Saiman *et al.*, 2014). Infeção do trato urinário, meningite neonatal e abcesso cerebral), infeção de feridas, peritonite, artrite séptica e infecções oculares. O complexo *B. cepacia* é uma causa importante de infeção respiratória crónica em pessoas com fibrose cística e de pneumonia, septicemia e abcessos de tecidos moles em pessoas com doença granulomatosa crónica (Porter e Goldberg, 2011) .

As infecções devidas a *Burkholderia cepacia* podem ser difíceis de gerir, uma vez que *Burkholderia cepacia* é intrinsecamente resistente a uma série de antibióticos habitualmente utilizados, como o Trimetoprim-sulfametoxazol (TMP-SMX) e a ceftazidima, que são considerados opções de primeira linha para infecções por Bcc (Tamma *et al.*2018). relatam a experiência com a utilização de ceftazidima-avibactam para o tratamento da bacteremia persistente por Bcc e a utilização da sequenciação do genoma completo (WGS) para explorar a razão pela qual esta terapia pode ter sido bem-sucedida. Os genes *bla* pen-like, principais determinantes de resistência em Bcc, codificam carbapenemases cromossómicas de classe A induzíveis e resistentes a inibidores, tornando a Bcc não suscetível a vários β-lactâmicos (Baldwin *et al.*, 2005). Esta enzima assemelha-se estruturalmente às carbapenemases de *Klebsiella pneumonia* (ou seja, KPCs), mas funciona mais como uma β-lactamase de espetro alargado do tipo SHV (Adam, 2007). O avibactam forma um complexo acil-enzimático reversível com β-lactamases de classe A e de classe C e certas β-lactamases de classe D, todas elas produzidas pelo isolado deste bebé. Os resultados *in vitro demonstraram* que a adição de avibactam à ceftazidima pode restaurar a suscetibilidade de estirpes para as quais as CIM da ceftazidima são elevadas, tornando estes isolados susceptíveis à ceftazidima-avibactam. O Bcc tem a capacidade de escapar às actividades de várias classes de antibióticos. Os alvos distorcidos da dihidrofolato redutase e da DNA girase podem limitar a eficácia do trimetoprim-sulfametoxazol e da levofloxacina, respetivamente. Os lipopolissacáridos únicos com cargas líquidas negativas reduzidas limitam a ligação das polimixinas e os organismos Bcc são considerados intrinsecamente resistentes a estes agentes. Além disso, uma série de β-lactamases, mutações na porina e bombas de efluxo intrínsecas à Bcc limitam as actividades de outros antibióticos habitualmente prescritos. Alguns genomas da Bcc albergam genes de metalo-β-lactamase que não são inactivados pelo avibactam (Katherine e Herbert, 2016).

2.4 Impacto dos factores de virulência

Para qualquer microrganismo, a sobrevivência num nicho específico do hospedeiro exige uma adaptação às condições específicas aí encontradas. No caso das bactérias patogénicas, estes factores de adaptação são conhecidos como factores de virulência, uma vez que permitem que o agente patogénico estabeleça a colonização face a uma resposta imunitária crescente e transmita o agente patogénico a outro hospedeiro. Alguns factores de virulência são frequentemente partilhados dentro ou entre bactérias através da transferência horizontal de elementos genéticos móveis como plasmídeos, ilhas genómicas e bacteriófagos (Nasser *et al.,* 2014). Dependendo do nicho do hospedeiro do agente patogénico, os factores de virulência podem transmitir a capacidade de penetrar na camada epitelial superficial, fixar o agente patogénico às superfícies celulares e/ou à matriz extracelular, invadir compartimentos intracelulares, acusar ferro, evadir os mecanismos de defesa do hospedeiro e transmitir a outros hospedeiros (Blaser e Kirschner, 2007).

A expressão de diferentes factores de virulência é rigorosamente controlada e frequentemente determinada por sinais ambientais do nicho que o agente patogénico ocupa, o que pode resultar num grau variável de danos para o hospedeiro (Williams e Cámara, 2009). Factores de virulência que modificam a fisiologia da célula hospedeira ou protegem a bactéria dos sistemas antimicrobianos do hospedeiro. Estes determinantes de virulência específicos podem estar agrupados em ilhas de patogenicidade polimórficas ou localizados em elementos genéticos transmissíveis, tais como plasmídeos ou fagos, todos os arranjos que facilitam a transmissão modular de genes envolvidos na patogénese e, por conseguinte, aumentam a diversidade de fenótipos de virulência entre estirpes (Andrews,2017).

2.5.1 Factores de virulência relacionados com a resistência aos antibióticos

2.5.1.1 Adesão bacteriana:

A aderência das bactérias às células epiteliais é o resultado líquido de um processo complexo que envolve frequentemente uma interação do tipo "chave e fechadura" entre a proteína de ligação bacteriana denominada "adesina" e estruturas específicas de hidratos de carbono complexos da membrana da célula hospedeira (receptores). No entanto, esta adesão parece depender tanto de factores do hospedeiro como da bactéria (Paterson e Bonomo ,2005).

A interação físico-química entre as bactérias e a superfície é conhecida como adesão bacteriana. A natureza de adesão das bactérias deve-se a várias características da membrana externa, tais como pili, flagelos, proteínas e lipopolissacárido. Quando as bactérias entram no corpo do hospedeiro, têm primeiro de aderir à superfície das células. A adesão das bactérias a estas superfícies pode envolver interacções hidrofóbicas inespecíficas e interacções específicas que envolvem adesinas na superfície microbiana complementares aos receptores da superfície do hospedeiro. Os factores de adesão são denominados fímbrias, que actuam na adesão das bactérias às células epiteliais. Muitos membros de bactérias têm fímbrias que respondem à aderência na superfície das células epiteliais, diferentes estirpes ou espécies de bactérias podem produzir diferentes tipos de fímbrias (Paterson e Bonomo, 2005; Berne *et al.*, 2018).

2.5.1.2 Formação da cápsula :

As cápsulas de polissacáridos são estruturas que se encontram na superfície celular de uma vasta gama de espécies bacterianas. O polissacárido cpsular (CPS) está, tal como o lipopolissacárido (LPS), ligado de forma covalente à parede celular, enquanto a molécula EPS parece ser libertada para a superfície celular sem qualquer meio de ligação discernível. O EPS e o CPS são também, tal como o antigénio O no LPS, unidades de repetição de oligossacáridos construídos em homo- ou hetero-polímeros (Maver *et al.*, 2018). A estrutura da unidade de repetição varia entre diferentes estirpes e a introdução de cadeias de polissacáridos ramificadas e a substituição de moléculas orgânicas e inorgânicas confere uma complexidade adicional à estrutura. A cápsula é uma camada discreta e detetável de polissacárido depositada fora da parede celular das bactérias. A produção de moléculas de polissacárido extracelular é uma caraterística comum a muitas bactérias. Estas moléculas podem estar ligadas à superfície celular e organizadas numa estrutura discreta denominada cápsula ou, em alternativa, podem compreender uma camada de lodo amorfo que é conhecida por proteger as bactérias do engolfamento por fagócitos e do ataque por agentes antimicrobianos (Liston *et al.*,2018).

2.5. 1.3 β-Lactamase

As β-lactamases são enzimas produzidas por algumas bactérias que conferem resistência aos antibióticos β-lactâmicos, como as penicilinas, as cefamicinas e os carbapenemes (ertapenem). As β-lactamases conferem resistência aos antibióticos quebrando a estrutura dos antibióticos. Através da hidrólise, a enzima lactamase quebra o anel β-lactâmico, desactivando as propriedades antibacterianas da molécula. Os antibióticos β-lactâmicos são normalmente utilizados para tratar um amplo espetro de bactérias Gram-positivas e Gram-negativas. As β-lactamases produzidas por organismos Gram-negativos são normalmente segregadas, especialmente quando os antibióticos estão presentes no ambiente. Tanto *a Burkholderia cepacia* como a *P.aeruginosa* produzem β-lactamase (Admin *et al.*, 2007).

2.5.1.4 Formação de biofilme

Um biofilme é definido como uma população bacteriana em que as células aderem umas às outras e às superfícies. A formação do biofilme ocorre em quatro fases: fixação e replicação, formação de microcolónias, diferenciação numa comunidade estruturada e libertação de células planctónicas (Goodwine *et al.*,2019). São grupos de microrganismos ligados a uma superfície e cobertos por uma matriz de exopolissacarídeos que ocorrem durante a sua transição de comunidade planctónica para uma comunidade ligada à superfície. Em resposta a determinados sinais ambientais, desenvolvem-se novas características fenotípicas nessas bactérias (Bose *et al.*, 2009). A formação de biofilmes parece ser um atributo generalizado das bactérias e pode permitir uma maior capacidade de sobrevivência em condições de stress, tais como baixos nutrientes ou tratamentos antimicrobianos. Considera-se também que as infeções por úlceras nos pés são causadas por biofilmes de bactérias que se desenvolvem sobre a superfície e produzem EPS que atua como uma cobertura protetora das defesas imunitárias do hospedeiro e dos antibióticos (Mendoza *et al.*,2019). Os biofilmes melhoram a sobrevivência e o crescimento das bactérias devido a muitas razões **i- Está a** servir de abrigo protetor para as bactérias, uma vez que podem resistir a forças físicas que podem remover células não ligadas, fagocitose por células imunitárias ou penetração de produtos químicos tóxicos. **ii** é permitido que as células microbianas permaneçam num nicho favorável, uma vez que podem fixar bactérias em superfícies abundantes em nutrientes. **iii** é a formação permite que as bactérias vivam em estreita proximidade umas com as outras. Isto proporciona melhores oportunidades para a deteção de quorum, que é um processo de comunicação bacteriana célula a célula que envolve a produção e deteção de moléculas de sinalização extracelular chamadas auto-indutores (Paczkowski *et al.*,2017).

2.6. Correlação entre Biofilme e Resistência a Antibióticos

Os agentes terapêuticos atualmente disponíveis para o tratamento de infecções bacterianas restringem-se a antibióticos desenvolvidos especificamente para matar ou inibir o crescimento de bactérias individuais. O desenvolvimento destes agentes não teve em conta a biologia única dos grupos bacterianos, ou seja, a formação de biofilmes. A terapia antibiótica reverte normalmente os sintomas causados pelas células tónicas libertadas do biofilme, mas não consegue perturbar os biofilmes. Por esta razão, as infecções por biofilme apresentam sintomas recorrentes após ciclos de terapia antibiótica até que a população séssil seja removida cirurgicamente do corpo. As células bacterianas tónicas são libertadas dos biofilmes e este é um padrão natural de desprendimento programado. Assim, os biofilmes podem atuar como "nidus" de infeção aguda. É provável que os biofilmes escapem aos desafios antimicrobianos através de múltiplos mecanismos, como se pode ver a seguir (Amin *et al.*, 2017):

1. Incapacidade de um agente penetrar em toda a profundidade do biofilme.
2. Pelo menos algumas das células de um biofilme sofrem de limitação de nutrientes e, por conseguinte, encontram-se num estado de crescimento lento ou de fome e estas células não são muito susceptíveis a muitos agentes antimicrobianos.
3. Algumas das células de um biofilme adoptam um fenótipo de biofilme distinto e protegido que não é uma resposta à limitação de nutrientes, mas sim uma resposta biologicamente programada ao crescimento numa superfície. Vários relatórios demonstraram que existem algumas correlações entre a resistência aos antibióticos e a capacidade de formação de biofilme das estirpes bacterianas através da produção de ESBL; de facto, entre os 44,7% formadores de biofilme, 45,3% produziram ESBLs (Yang e Zhang ,2008). Em 2012, uma análise prospetiva revelou que 80% das estirpes produtoras de biofilme recolhidas de 100 amostras de urina de pacientes cateterizados com sintomas de ITU durante um período de seis meses, exibiam o fenótipo MDR. Em particular, os isolados biofilme-positivos mostraram resistência ao ácido nalidíxico, à ampicilina, à cefotaxima e ao co-trimoxazol, respetivamente, em comparação com a baixa resistência demonstrada pelos não produtores de biofilme para os respectivos antibióticos (Sanchez *et al.*, 2013).

2.7. Resistência aos antibióticos

A resistência é a capacidade de um microrganismo para resistir aos efeitos dos antibióticos. A resistência aos antibióticos pode evoluir através da seleção natural que actua sobre a mutação aleatória. Também pode ser criada através da aplicação de um fator de stress evolutivo a uma população de bactérias. Uma vez gerado um gene, as bactérias podem então transferir a informação genética de forma horizontal (entre indivíduos da mesma espécie) através da troca de plasmídeos. Se uma bactéria for portadora de vários genes de resistência, é descrita como multi-resistente ou, informalmente, como uma superbactéria. A ação dos antibióticos contra o agente patogénico pode ser vista como uma pressão ambiental sobre as bactérias patogénicas, de tal forma que aquelas que possuem uma mutação que lhes permite sobreviver viverão e reproduzir-se-ão. Estas passarão então estas características à sua descendência, resultando numa colónia totalmente resistente (Hauck e Maiden, 2018). A resistência aos antibióticos pode ser intrínseca ou adquirida. A resistência intrínseca ocorre quando o organismo não possui o local-alvo do agente ou tem outras características que o tornam sempre resistente ao antibiótico. A resistência adquirida aplica-se aos organismos que eram anteriormente susceptíveis ao antibiótico em questão. Esta última forma de resistência causa grande preocupação devido ao seu potencial para reduzir a gama de antibióticos disponíveis anteriormente úteis. A resistência pode também ser fenotípica ou genotípica. Existem dois tipos de resistência fenotípica: as bactérias de forma L, que não têm parede celular mas sobrevivem num ambiente isosmolar apesar da exposição contínua aos antibióticos (naliaka,2011). O outro tipo é designado por persistentes, porque representam uma pequena fração da população bacteriana inicial que persiste após o início da terapia antimicrobiana (Mike *et al.*, 2008). A resistência genotípica é determinada por genes de resistência transportados no cromossoma ou em plasmídeos e existe a possibilidade de os genes serem rearranjados, dando origem a um recombinante único.

A recombinação assegura uma adaptação mais eficiente a um ambiente antibiótico em rápida mutação. As sequências de genes que têm a capacidade de se recombinar tanto com o cromossoma como com os plasmídeos são conhecidas como transposões. A acumulação de fatores de resistência num transposão pode resultar na transferência da resistência a antibióticos codificada cromossomicamente, primeiro para um plasmídeo e depois para outras espécies (Baylay *et al.*,2019).

2.8--: Linhas de defesa bacterianas contra agentes antibacterianos

A: A Primeira Linha de Defesa: Biofilmes Bacterianos

Os biofilmes são definidos como uma fina camada de comunidades microbianas aderidas umas às outras em superfícies orgânicas ou inorgânicas e envolvidas pela sua matriz secretada de substância polimérica extracelular (EPS). Foi aceite que as bactérias vivem como um modo de biofilmes, mas não como entidades solitárias durante a maior parte da sua vida microbiana (Gerbersdorf e Wieprecht 2015). A formação de biofilmes pode desencadear problemas ambientais graves, como a bioincrustação, e dezenas de infecções humanas, como a fibrose cística e a cistite de cateteres urinários. Quando as células bacterianas se fixam numa superfície biótica ou abiótica sólida, produzem gradualmente EPS hidratados e, por fim, formam as estruturas espaciais típicas dos biofilmes (Flemming, 2010).

A matriz de EPS dos biofilmes pode limitar e até impedir o transporte de agentes antimicrobianos para as células, quer reagindo com os bactericidas, quer por sorção, quer por interacções electrostáticas e hidrofóbicas, quer por exclusão de tamanho, quer por degradação de biocidas (Abdallah *et al.*, 2014). Entretanto, observou-se que os biofilmes espessos apresentavam uma barreira mais eficiente do que os biofilmes finos para retardar a penetração de agentes antimicrobianos. Foi referido que os biofilmes formados por *spp bacterianas* permitem a difusão da rifampicina e da vancomicina através da membrana, o que implica que estes antibióticos podem penetrar eficazmente nos biofilmes. Uma investigação mais recente revelou que os biofilmes de *Burkholderia* desempenhavam um papel de barreira de difusão para a ceftazidima e o imipenem, mas não para a trimetoprima ou o sulfametoxazol (Katherine *et al.*,2017).

Os gradientes em microescala nas concentrações de nutrientes ou factores de crescimento são outra caraterística bem conhecida dos biofilmes. Existe uma possível condição anaeróbica no microambiente dos biofilmes porque a concentração de oxigénio é limitada no centro dos biofilmes em comparação com a superfície (Michael *et al.*, 2014). Quando as células bacterianas crescem em biofilmes, o crescimento abranda ou pára devido a um ambiente de nutrientes limitado, o que é geralmente acompanhado por um aumento da resistência aos agentes antimicrobianos (Michael *et al.*, 2014). Apenas as células metabolicamente activas superiores nos biofilmes de *P.aeruginosa* podem ser eficazmente mortas por fluoroquinolonas e tetraciclina, mas não as células em crescimento ativo que adquiriram resistência adaptativa mediada pelo operão *pmr* e os genes *mexAB-oprM* podem ser erradicadas por um composto antimicrobiano de colistina lipopeptídica (Pamp *et al.,* 2008). Foi relatado que o mecanismo de resistência em bactérias produtoras de biofilmes é que existe um grande número de subpopulações persistentes nos seus biofilmes, a maioria da população em biofilmes bifásicos é rapidamente morta, mas uma fração das células não é afetada mesmo por um tratamento antibiótico prolongado, o que apoia a hipótese de persistência acima referida (Qu *et al.*, 2010).

As bactérias utilizam uma subfamília distinta de factores sigma de função extracitoplasmática (ECF) para regular a função extracitoplasmática e para servir como reguladores de transcrição bacteriana na resposta a vários stresses. A inativação do ECF-10 codificado por PP4553 em bactérias resultou numa maior formação de biofilmes após 24 h de incubação e num aumento de duas a quatro vezes da resistência aos antibióticos Quinolona, β-lactâmicos, sulfonamidas e Cloranfenicol (Zhou *et al.*, 2015). O crescimento em fase estacionária regulado por RpoS e as tensões osmóticas foram regulados positivamente nos biofilmes e significativamente enriquecidos. As capacidades das estirpes mutantes deficientes em *rpoS*, *relAspoT* ou *anr* para formar biofilmes foram reduzidas quando expostas à ciprofloxacina. Estes resultados sugerem que múltiplos genes controlados por respostas sobrepostas de fome ou stress contribuíram para a proteção dos biofilmes de P. *aeruginosa* contra a ciprofloxacina (Stewart, 2015).

B: A Segunda Linha de Defesa: Parede Celular Bacteriana e Membrana Celular

Uma grande variedade de agentes antimicrobianos tem de atingir uma concentração suficientemente elevada nos locais-alvo intracelulares e tem de atravessar a parede e a membrana celulares bacterianas, que são cruciais para a manutenção da forma da célula e para a troca de nutrientes ou de moléculas sinalizadoras. A parede e a membrana celulares são também alvos importantes para muitos compostos antimicrobianos, incluindo β-lactâmicos, glicopeptídeos, fosfomicina, daptomicina, polimixina e antibióticos ionóforos. Uma alteração nas conformações da parede celular ou da membrana ou uma penetração limitada dos agentes antimicrobianos através destas duas barreiras físicas podem induzir o aparecimento de resistência. Além disso, a restrição do acesso ou a remoção eficiente dos agentes antimicrobianos por bombas de efluxo que se encontram na parede celular e na membrana também contribuem para o aumento dos níveis de resistência (Huang *et al.*, 2008).

A resistência aos glicopeptídeos, como a vancomicina e a teicoplanina, deriva da síntese de precursores anormais de pentapeptídeos, em que os precursores possuem terminais alterados (por exemplo, D-Ala-D-lactato ou D-Ala-D-ser) e uma menor afinidade para os glicopeptídeos. Os β-lactâmicos podem bloquear as enzimas de ligação cruzada transpeptidase e transglicosilase na camada de peptidoglicano das paredes celulares (Van e Ladin ,2018). As bactérias utilizam duas estratégias principais de proteção contra os β-lactâmicos: alteração das proteínas de ligação à penicilina (PBPs), que reduzem a afinidade dos β-lactâmicos para os locais de ação, e produção de β-lactamases, que hidrolisam o anel dos β-lactâmicos, tornando a molécula inativa, como na figura (2-1), (Bonomo,2017).

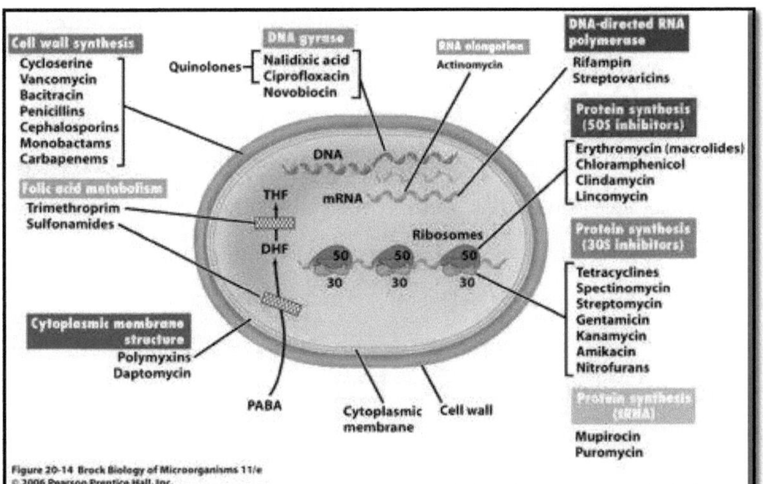

Figura (2-1): Locais de ação de vários agentes antimicrobianos (Bonomo,2017).

A membrana celular bacteriana, que funciona como um filtro seletivo que permite ou restringe a permeação celular de substâncias, incluindo agentes antimicrobianos, para dentro ou para fora da célula. Os agentes antimicrobianos activos na membrana incluem lipopeptídeos multiobjectivos como a daptomicina, antibióticos peptídicos como a colistina e a polimixina B, e os antibióticos ionóforos monensina e salinomicina (Bayer *et al.*, 2013).

Os pequenos antibióticos hidrofílicos, como os β-lactâmicos e as quinolonas, só podem atravessar a membrana externa passando através dos canais aquosos fornecidos pelas proteínas porinas. Além disso, também se registaram algumas diferenças nos perfis OMP entre uma estirpe resistente à isotiazolona de *Burkholderia cepacia* BC-IR induzida a partir do tipo selvagem e uma estirpe isolada de *B. cepacia* BC-327 separada de amostras de contaminação industrial (Zhou, 2014).

Os sistemas de **efluxo bacteriano** são capazes de transportar uma grande variedade de agentes antimicrobianos com diferentes estruturas que conferem resistência a múltiplos fármacos (MDR). O grupo principal inclui a superfamília de cassetes de ligação ao ATP (adenosina trifosfato) (ABC), que utiliza a energia da ligação e hidrólise do ATP para o efluxo. Os sistemas de efluxo das outras quatro famílias estão amplamente distribuídos tanto em bactérias Gram positivas como negativas (Handzlik *et al.*, 2013). O sistema AcrAB/TolC, composto por um transportador de membrana interna AcrB, um canal de proteína de membrana externa TolC e uma proteína adaptadora periplasmática AcrA, é um dos sistemas de efluxo mais bem caracterizados em bactérias Gram negativas, como a *E. coli* (Yamaguchi *et al.*, 2015). Além disso, as bombas de efluxo também têm sido relatadas como um dos factores que contribuem para a resistência intrínseca e adquirida através do processo de efluxo multi-fármaco ativo a agentes antimicrobianos em várias bactérias, tais como *P. aeruginosa* e *E. coli* (Soto, 2013).

C: A terceira linha de defesa: alteração intracelular

Uma variedade de agentes antimicrobianos pode ainda penetrar com êxito nas células e exercer a sua atividade inibindo o crescimento bacteriano ou matando as bactérias através da destruição dos sistemas metabólicos e das expressões genéticas regulares. As células bacterianas competirão com os agentes antimicrobianos recorrendo à alteração dos locais-alvo, à produção de agentes antagonistas e à regulação das expressões genéticas, como mostra a figura 2-2 (Alvarez-Ortega, *et al.*, 2011).

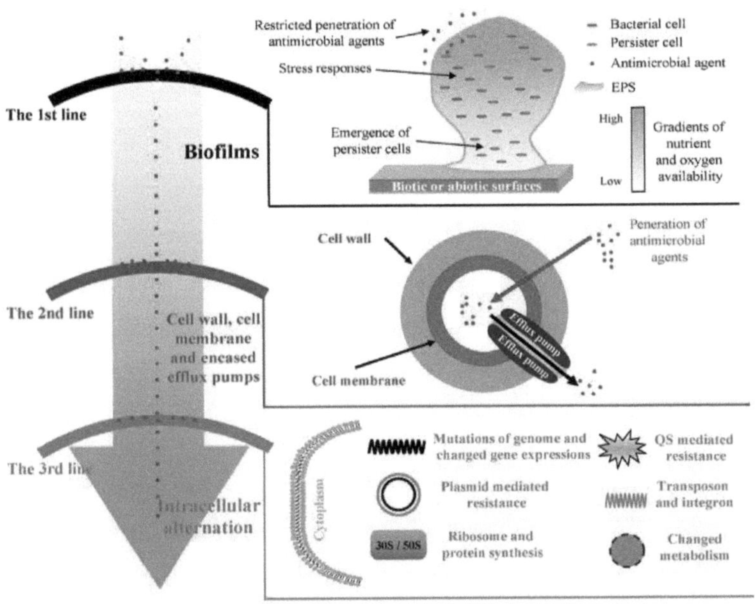

Figura (2-2): Diagrama simplificado que resume os mecanismos das três linhas de defesa da resistência aos agentes antimicrobianos para as bactérias. (Alvarez-Ortega *et al.*, 2011).

As proteínas nas células bacterianas actuam como reacções enzimáticas, detectando e transmitindo sinais e criando estruturas físicas importantes. A inibição da biossíntese de proteínas pode levar à morte das bactérias através da interação com o ribossoma e da inibição da sua função. Por exemplo, a associação de aminoacil-tRNA com a subunidade ribossómica 30S bacteriana pode ser impedida por tetraciclinas e estreptomicina, resultando na inibição da síntese proteica bacteriana (Thaker *et al.*, 2010).

Em contraste, o cloranfenicol actua ligando-se à subunidade ribossomal 50S para inibir a síntese proteica pela presença da cloranfenicol acetiltransferase (CAT), uma enzima que inativa o fármaco. O mecanismo de resistência mais comum aos macrólidos resulta da metilação de um resíduo de adenina no domínio V do 23S rRNA (Monteiro *et al.*, 2012).

As bactérias também podem desenvolver resistência a um agente antimicrobiano aumentando a produção de um metabolito que compete com o sítio ativo dos agentes, como acontece com *S. aureus que* desenvolve resistência à sulfonamida, um análogo do ácido paraamino-benzoico (PABA), aumentando a produção de PABA através de mutações no gene regulador da via biossintética do fosfato que deslocaria competitivamente a sulfonamida (Elufisan *et al.* ,2012).

O sistema QS **(sistema Qurium)** é um outro mecanismo que permite às comunidades bacterianas receberem rapidamente informações do ambiente e, de forma coordenada, darem uma resposta adequada às pressões dos agentes antimicrobianos. Este sistema de sinalização requer uma *N-acil-homoserina* lactona (acil-HSL) sintase (proteína I) e um fator de transcrição com atividade dependente da acil-HSL (proteína R) (Miller *et al.,* 2001). O QS serviu como um indicador da densidade populacional que activaria a transcrição dos genes que codificam as proteínas R e I com a ajuda do complexo proteína R-acil-HSL, de modo a criar um mecanismo regulador de feedback positivo (Solano *et al.*,2014). Em *P. aeruginosa*, a transcrição de genes que codificam fatores de virulência também seria induzida por proteínas R ativadas em sistemas QS, cuja via de sinalização se torna um alvo para inibidores de pequenas moléculas (Carette *et al.*,2020).

Os sistemas QS também contribuem para os mecanismos de resistência dos biofilmes. Os biofilmes de *P. aeruginosa* com mutações *lasI* e *rhlI* apresentam uma maior suscetibilidade à canamicina em comparação com os biofilmes WT, tendo sido proposta a utilização de inibidores de QS (QSI) como uma potencial estratégia antibiofilme (Brackman *et al.*, 2011).

D. Regulação genética

1: Plasmídeos:

Um plasmídeo é uma molécula de ADN pequena, circular e de cadeia dupla presente nas células bacterianas. Está fisicamente separado do ADN cromossómico e pode replicar-se de forma independente. Geralmente, os plasmídeos podem dar às bactérias algumas vantagens de sobrevivência em determinadas condições, como a capacidade de sobreviver na presença de um agente antimicrobiano (Elufisan *et al.* ,2012). Um grande número de enzimas codificadas por plasmídeos pode catalisar agentes antimicrobianos numa forma não tóxica, resultando em resistências. Verificou-se que os plasmídeos de penicilinase, cortados como uma série de factores de resistência extracromossómica, transportam determinantes de resistência à penicilina em *S. aureus* (Liu *et al.*, 2002; Mateus, 2016). A atividade da β-lactamase codificada por plasmídeos induz geralmente um elevado nível de resistência das bactérias a antibióticos β-lactâmicos de largo espetro.

Tanto a topoisomerase IV como a DNA girase podem ser ligadas por proteínas de repetição pentapeptídica (PRPs) codificadas por genes de resistência às quinolonas codificados por plasmídeos do grupo *qnr* para proteger as células bacterianas da ação letal das quinolonas (Vetting *et al.*,2011). Os determinantes de resistência às fluoroquinolonas dos genes *qnr, transmitidos por plasmídeos,* estavam disseminados nas *Enterobacteriaceae* (Dolejska *et al.*,2013).

2: Cromossoma

a. **As mutações** do gene alvo no cromossoma bacteriano podem levar ao aparecimento de resistência aos antibióticos; muitas estirpes resistentes de *E. coli* provenientes de doentes com infecções não complicadas do trato urinário apresentavam mutações em *gyrA*, *parC*, *parE*, *marOR* ou *acrR* (Woodford e Ellington, 2007). A resposta mutagénica SOS pode ser induzida na presença de concentrações não letais de agentes antimicrobianos, como as quinolonas, resultando na emergência de resistência em *E. coli* (Dorr *et al.* ,2009). Foi demonstrado que a análise genômica comparativa de *spp bacterianas* com diversos fenótipos resistentes a medicamentos forneceu evidências de que a transferência horizontal de genes é uma força evolutiva importante na formação do genoma da cepa multirresistente, a disseminação horizontal de genes de resistência a antibióticos pode ser promovida pela resposta SOS (Suzuki e Navarre, 2019).

b. O transposão (também designado por gene saltador) é um elemento genético que pode deslocar-se de uma localização num cromossoma para outra localização no mesmo cromossoma ou num cromossoma diferente, alterando assim a constituição genética do organismo. Um transposão relacionado com o Tn3 do Tn1546 confere resistência aos glicopeptídeos através da síntese de precursores de peptidoglicanos depsipeptídicos, o Tn21 e um grupo de transposões estreitamente relacionados também conferem às bactérias resistência a agentes antimicrobianos como a vancomicina e a tetraciclina (Pray, 2008).

c. **Integrões** : Um integrão é um sistema de captura de genes que se encontra nos plasmídeos, nos cromossomas e nos transposões. Os integrões são elementos genéticos que contêm o determinante genético para os componentes do sistema de recombinação específico do sítio que reconhece e captura as cassetes genéticas móveis. Os integrões não são móveis. "Os integrões são plataformas de 'montagem' que incorporam quadros de leitura abertos exógenos por recombinação específica do sítio e os convertem em genes funcionais, assegurando a sua expressão correcta", como mostra a figura 2-3 (Gillings, 2014). Um integrão inclui duas partes: a cassete de genes e a plataforma de recombinação. A plataforma de recombinação, também designada integrão "central", inclui um gene de recombinase (integrase) específico do local (*intI*), um local de recombinação (attI) e um promotor orientado para o exterior (Pc) que dirige a transcrição dos genes capturados. A cassete de genes é geralmente constituída por um ou mais genes e por um segundo tipo de sítio de recombinação que foi inicialmente designado por elemento de 59 bases.

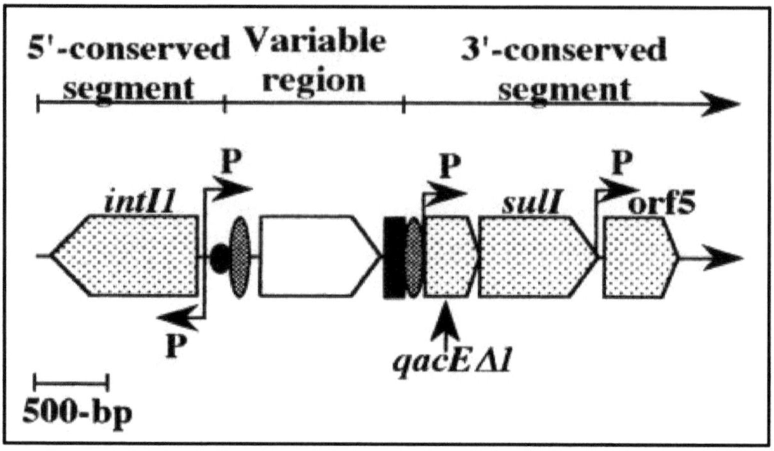

Figura (2-3): Estrutura geral dos integrões de classe 1 (Gillings, 2014).

Os integrões podem ser divididos em dois grandes grupos: integrões de resistência e super-integrões. Embora não sejam independentemente móveis, os integrões são elementos de ADN versáteis e generalizados e podem ser divididos em dois subconjuntos distintos: os integrões móveis e os integrões cromossómicos (Corrêa, *et al.*, 2014). Entre os mutantes suscetíveis de *P. aeruginosa*, um número significativo carregava inserções de transposons em genes relacionados ao lipopolissacarídeo (LPS) (*galU*, *lptC*, *wapR* e *ssg*). Uma diminuição na presença e/ou indutibilidade de espécies de lípidos A modificados com aminoarabinose forneceu uma explicação adicional para o fenótipo super suscetível destes mutantes (Fernández *et al.*,2013). Para além da polimixina B e da ciprofloxacina, o resistoma intrínseco da *P. aeruginosa* aos β-lactâmicos também foi investigado utilizando uma biblioteca abrangente de mutantes de inserção marcados com transposão. Verificou-se que 37 loci no cromossoma de *P. aeruginosa* contribuíam para a sua resistência intrínseca (Alvarez-Ortega, *et al.*, 2011). Sabe-se que cinco classes de integrões móveis desempenham um papel na disseminação de genes de resistência a medicamentos, os integrões de classe 1, 2 e 3, que estão envolvidos no fenótipo de multirresistência (Mazel, 2006).

d.Conteúdo genético dos integrões : Os integrões de classe 1 estão associados a uma variedade de cassetes de genes de resistência, mas a maioria dos integrões contém um determinante de resistência *aadA*, que codifica a resistência à estreptomicina-espectinomicina. Os isolados que contêm integrões tendem a ser mais resistentes aos fármacos do que os isolados que não possuem integrões, sendo omnipresentes entre os isolados clínicos Gram-negativos resistentes aos fármacos. Os integrões de classe 1 estão frequentemente localizados em plasmídeos que podem ser transferidos por conjugação. Os integrões de classe 1 encontram-se em *Tn21* e em transposões relacionados com Tn21 (*Jeongetal.*,2009). Os integrões foram encontrados em cerca de 9% dos genomas bacterianos sequenciados, sendo a plataforma de integrões de classe 1 a mais ubíqua e a mais frequentemente registada entre as bactérias clínicas, continuando a ser o foco de numerosos estudos Considerado como estando diretamente ligado aos transposões do tipo *Tn402* e associado à família de transposões *Tn3* (*Tn21* ou *Tn1696*), o integrão de classe 1 não é auto-móvel, enquanto outros elementos genéticos móveis, como os plasmídeos conjugativos e os transposões associados, podem servir de veículos para a transmissão intra-específica e inter-específica de material genético através de uma reação de recombinação específica do local, mediada pela integrase *Tn21* ou pela integrase *IntI1 do* integrão, quando os locais de integração correspondem à sequência de consenso GWTMW ou GNT, respetivamente.Três tipos de sítios de recombinação (*attI1*, *attC* e sítios secundários) podem ser reconhecidos pela *intI1*, embora com diferentes eficiências de recombinação, uma vez que o evento de recombinação entre o sítio *attI1* e o *attC se revelou* ligeiramente mais eficiente do que a recombinação entre dois sítios *attC*, e a recombinação entre dois sítios *attI1* muito menos eficiente, sendo a recombinação por sítios secundários com *attC* mais eficiente do que com *attI*. Consequentemente, esta classe de integrão é capaz de capturar cassetes genéticas através desta plataforma de recombinação específica do local, e as cassetes genéticas também podem ser expressas a partir de um promotor comum localizado na região do segmento 5′-conservado (5′-CS) onde se localizam dois potenciais locais promotores Pc (também conhecido como P_{ANT}) e P2, com Pc aproximadamente 200 pb a montante do local de integração. Apesar de ser dispensável para a plataforma de recombinação sítio-específica, Pc desempenha um papel fundamental no funcionamento do integrão, uma vez que assegura a expressão correcta da cassete genética, uma vez que, comparativamente, P2 é inativo, pois substitui os 17 nucleótidos ideais entre as caixas -35 e -10 por apenas 14 nucleótidos.A jusante da cassete genética num integrão típico de classe 1, o segmento 3′-conservado (3′ CS) possui os genes *qacEΔ1* e *sul1*, que codificam a resistência aos sais de amónio quaternário e à sulfonamida, respetivamente *Escherichia*, *Pseudomonas*, *Salmonella*, *Staphylococcus*, *Enterococcus* e *Vibrio* continuam a ser considerados agentes patogénicos frequentes responsáveis por várias infecções e doenças bacterianas e a sua quimioterapia relevante é clinicamente significativa. Contribuem para a ampla distribuição e propagação da resistência antimicrobiana (Labbate *et al.*, 2009).

Capítulo III

Materiais e métodos

3. Materiais e métodos

3.1.Materiais:

3.1.1. Equipamentos e instrumentos : Como no quadro (3-1)

Tabela (3-1): Instrumentos e ferramentas utilizados neste estudo.

Equipamentos e instrumentos	Empresa de fabrico	Origem
Autoclave	Tripé	REINO UNIDO
Queimador	Amal	Turquia
Centrifugadora	Memmert	Alemanha
Câmara digital	Sonyo	Japão
Eletroforese	Bio- Rad	Itália
Sistema ELISA	Biotek	ESTADOS UNIDOS DA AMÉRICA
Tubos Eppendorf	Sterellin Ltd	REINO UNIDO
Incubadora	Seleta	Espanha
Anel de inoculação	-	Japão
Microscópio de luz	Olympus	Japão
Micropipeta 20-1000ul	Eppendorf	Alemanha
Micro-ondas	SAMSUNG	Coreia
Filtro Millipore (O.22um)	Difco	EUA
Sistema PCR	Gene Amp	Singapura
Tubos PCR	Eppendorf	Alemanha
Medidor de pH	Orientar	EUA
Placa de poliestireno com 96 poços	Eppendorf	Alemanha
Frigorífico	Ishtar	Iraque
Lança sensível	Sauter	Suíça
Espectrofotómetro	Orientar a investigação	EUA
agitador-incubadora	Seleta	Espanha
Transportar o esfregaço	AFCO	Jordânia

Equipamentos e instrumentos	Empresa de fabrico	Origem
Lâmpada UV	Instituto de produtos UtraViolete	EUA
Sistema compacto VITEK-2	BioMérieux	França
Misturador Vortex	Griffin	Alemanha
Banho de água	Gallen	Acampamento
Destilador de água	Buchi	Suíça

3.1.2. Materiais biológicos e químicos: Como no quadro (3-2)

Tabela (3-2): Os materiais Biológicos e Químicos utilizados neste trabalho.

Material químico	Fabrico	Origem
Violeta Cristal	Merk	Alemanha
NaCl, HCl, KOH	CCG	Inglaterra
Reagente de Kovac	CDH	Índia
Glicose	Pescador	Garantia
Vermelho de metilo, álcool etílico, ureia.	Siga	Inglaterra
H_{2SO4} , Na HPO_{24} , KH_2 PO_4	Himedia	Índia
Acetato de sódio	Fluka	Suíça
Hidróxido de sódio, $BaCl_2$	Fluka	Suíça
Agar-Agar	Himedia	Indiano
Etanol ,glicerol	Pescador	Garantia
Peróxido de hidrogénio (H2O2)	SDI	Iraque
α-Naftol (C10H8O)	BDH	Inglaterra
Tetrametil p-fenil di-hidrocloreto de diamina	BDH	Inglaterra
Brometo de etídio	Pescador	Garantia
Tampão TBE (Tris-Borato-EdTA)	Pescador	Garantia

Escada de ADN de 100 pb (marcador de ADN)	Pescador	Garantia
TE (Tris -EDTA)	Pescador	Garantia
Mistura principal	promega	EUA
Agarose	Pescador	Garantia
Coloração de Gram,	-	-

3.1.3. Meios de cultura: Como no quadro (3-3)

Tabela (3-3): Meios de cultura utilizados no isolamento de bactérias.

Meios de cultura	Fabrico	Origem
Base de ágar-sangue	Oxoide	paris, França
Caldo de infusão cérebro-coração	Oxoide	REINO UNIDO
Ágar citrato de cimon	Oxoide	paris, França
Ágar gelatina	Himedia	Índia
Ágar de ferro Kligler	Himedia	Índia
Caldo de Luria	Himedia	Índia
Ágar Mac Conkey	Oxoide	paris, França
Caldo MR-VP	Himedia	Índia
Ágar Muller-Hinton	Oxoide	REINO UNIDO
Ágar nutriente	Oxoide	paris, França
Caldo de nutrientes	Oxoide	paris, França
Meio de água Pepton	Himedia	Índia

Ágar-sal de manitol	Oxoide	REINO UNIDO
Eosina azul de metileno	Himedia	Índia
Base de ágar ureia	Himedia	Índia

3.1.4. Discos de antibióticos (Bioanalyse, Turquia): Como no quadro (3-4)

Tabela (3-4): Disco de antibiótico utilizado neste estudo.

Agente antimicrobiano	Símbolo	Conteúdo do disco
Piperacilina-	PRL	Ug 100 /10
Ticarcilina-clavulanato	TC	Ug 75 / 10
Ceftazidima	CAZ	Ug 30
Cefepima	Cpm	Ug 30
Aztreonam	ATM	Ug30
Imipenem	Imp	Ug 10
Meropenem	Mem	Ug 10
Gentamicina	CN	Ug 10
Tobramicina	TOB	Ug 10
Amicacina	Ak	Ug 30
Ciprofloxacina	Cip	Ug 5
Levofloxacina	Lev	Ug 5
Ceftriaxona	CRO	Ug 30
Cefoxitina	DIRECTOR FINANCEIRO	Ug 30

3.1.5. Kits preparados: Como no quadro (3-6)

Tabela (3-5): Os Kits utilizados neste estudo.

Tipo de kit	Fabricante	Origem
VITEK-2 GN-ID	BioMérieux	França
Coloração de Gram	Syrbio	Suíça

3.1.6. Materiais para a reação em cadeia da polimerase: Como no quadro (3-7)

Tabela (3-6): Primers utilizados neste estudo.

Tipo de primário	Gene	Sequência do iniciador (5'-3')	Amplicon tamanho (bp)	Referência
CTX-M	bla_{CTX-M}	F: GCC ATG TGC AGA ACC AGT AA R: CCG CAA TAT GCT TGG TGG TG	554	Saladin *et al.* (2002)
KPC	bla_{KPC}	F: ATG TCA CTG TAT CGC CGT CT R: TTT TCA GAG CCT TAC TGC CC	893	Bradford *et al.* (2004)
IMP	bla_{IMP}	F: TTGACACTCCATTTACG R: GATGAGAATTAAGCCACCT	139	Dallenne *et al.* (2010)
OXA	Bla_{OXA}	F: GGCACCAGATTCAACTTTCAAG R: GACCCCAAGTTTCCTGTAAGTG	564	Dallenne *et al.* (2010)
Integron	*IntI*	F: CAGTGGACATAAGCCTGTTC R: CCCGAGGCATAGACTGTA	160	Dillon *et al.* (2005)

3.2. Métodos

3.2.1. Preparação de soluções, tampões e reagentes

Os tampões e as soluções que requerem esterilização foram esterilizados em autoclave a 121 °C e pressão (15 libras/polegada^2) durante 15 minutos, os outros materiais que não toleram a temperatura elevada, como os açúcares e os antibióticos, foram esterilizados por filtração (filtros Millipore (0,22 µm), e a esterilização a seco foi utilizada para todos os vidros por um forno elétrico a uma temperatura de 180-200C° durante duas horas, o pH das soluções foi ajustado utilizando NaOH 1M ou HCl 1M (Collee *et al.*,1996).

3.2.1.1 Soluções

3.2.1.1.1 Solução salina fisiológica

Foi preparado dissolvendo 8,5 g (NaCl) em 900 ml de água destilada e depois o volume foi completado para 1000ml com água destilada, esterilizada por autoclave (Collee *et al.*,1996).

.

3.2.1.1.2. Solução de peróxido de hidrogénio (H O)22

O peróxido de hidrogénio (3 %) foi preparado a partir da solução de reserva e utilizado para a deteção da capacidade das bactérias para produzir catalase (Harley e Prescott, 1996).

3.2.1.1.3. Solução de ureia

Foi preparada pela adição de 20 g de ureia a 100 ml de água destilada, que foi utilizada na deteção da produção de urease (Collee *et al.*,1996).

3.2.1.1.4. Solução de violeta cristalino

Esta solução foi utilizada para a formação de biofilme (MaccFadin ,2000).

3.2.1.1.5. Soluções-padrão McFarland

Estas soluções foram preparadas de acordo com o método sugerido por MacFaddin (2000), como se segue:

- Solução de BaCl $H_{2.2}$ O. Dissolveu-se 1,175 g de cloreto de bário (BaCl H_2 .2 O) em 90 ml de água destilada esterilizada e completou-se o volume para 100 ml

- Solução de ácido sulfúrico. Foi preparada adicionando 1 ml de ácido sulfúrico concentrado (H_2 SO_4) a 90 ml de água destilada esterilizada, e o volume foi completado para 100 ml e, em seguida, a solução padrão de McFarland foi preparada da seguinte forma: foram adicionados 0,5 ml de BaCl H_2 .2 O (1,175%) a 99,5 ml de H_2 SO_4 (1%), para resultar no padrão n.º 0,5 ($1{,}5x10^8$ bacteriana / ml). A solução foi distribuída num tubo de vidro, a turvação padrão foi obtida armazenando os tubos de ensaio à temperatura ambiente, o tubo foi misturado por vórtex antes de ser utilizado.

3.2.1.1.6. Solução de trabalho para a coloração de Giemsa:

A coloração de Giemsa foi utilizada para colorir as células uroepiteliais. Foi preparada de acordo com o (Boletim da OMS, 1975) dissolvendo 0,5 g de corante de Giemsa em pó em 33 ml de glicerol a 55-60 °C durante 1-1,5 h; em seguida, foram adicionados 33 ml de metanol absoluto. Depois de bem misturados, foram filtrados e armazenados à temperatura ambiente como uma solução de reserva de corante Giemsa. A solução experimental foi preparada diluindo a solução-mãe em água hidratada da seguinte forma

Solução A: Foi preparada dissolvendo 9,5g de Na2HPO4 (BDH) em 1L de D.W.

Solução B: Preparada dissolvendo 9,2 g de NaH2PO4 em 1 litro de água desmineralizada. A água desmineralizada foi preparada a pH 7,2 misturando 72 ml da solução A com 28 ml da solução B e adicionando 900 ml de água desmineralizada. A solução experimental (preparada imediatamente antes da utilização) foi preparada misturando 1 parte de stock de corante com 40 ou 50 partes de água hidratada.

3.2.1.1.7. Solução de deteção de β-lactamases

1. solução de Pencilina G: Foi preparada dissolvendo um milhão de unidades de antibiótico em 16,6 de D.W. (Koneman *et al.*,1992).

2) Solução indicadora de vermelho de fenol: A solução foi preparada dissolvendo 0,25 g de vermelho de fenol em 40 ml de NaoH (0,1N).

3) Solução de NaoH (1N): Foi preparada dissolvendo 40g de NaoH em 300 de água destilada, completando o volume para 1 L de água destilada e esterilizada por filtração.

4.solução de NaoH (0,1N): foi preparada dissolvendo 4g de NaoH em 300 de água destilada, completando o volume para 1 L de água destilada e esterilizada por filtração (Backer e Silverton,1985).

Em seguida, adicionaram-se 87,7 ml da solução A a 12,3 ml da solução B e o pH foi ajustado para 6 (Collee *et al.*, 1996).

3.2.1.2. Soluções de ADN e de eletroforese em gel

3.2.1.2.1. Tampão Tris-EDTA (TE)

O tampão TE utilizado foi preparado pela empresa Promega (EUA). Este tampão foi preparado adicionando 0,05 M de Tris-OH e 0,001 M de

EDTA a 800 ml de D.W. O pH foi ajustado para 8 e completado para um litro por D.W., depois autoclavado a 121 c° durante 15 minutos e armazenado a 4 c° até ser utilizado.

3.2.1.2.2. Tampão Tris-Borato-EDTA (TBE):

O tampão Tris-borato-EDTA foi utilizado numa concentração de 1 X (diluição 1:10 da concentração de reserva). A solução de reserva foi diluída por D.W. e armazenada à temperatura ambiente. Também foi utilizado um tampão (TBE) preparado pela empresa Promega.

3.2.1.2.3. Solução salina tamponada com fosfato (PBS) pH 7,2

Foi preparada dissolvendo 8 g de NaCl, 0,3 g de NaH2pO4 e 1,12 g de Na2HPO4 em 1 litro de água destilada, autoclavada e armazenada no frigorífico (Cruickshank *et al.*, 1975).

3.2.1.2.4. Solução-tampão de fosfato (PBS)

Este tampão é constituído por duas soluções, preparadas do seguinte modo

Solução A: 3,12 g de NaH2PO4.2H2O dissolvidos em 90 ml de água destilada e completados para (100 ml) com água destilada.

Solução B: 2,839 g de Na2HPO4 dissolvidos em 90 ml de água destilada e o volume completado para (100 ml) com água destilada.

Em seguida, adicionaram-se 87,7 ml da solução A a 12,3 ml da solução B e o pH foi ajustado para 6 (Collee *et al.*, 1996).

3.2.1.2.5. Solução salina normal

Esta solução foi preparada dissolvendo 0,85 g de NaCI em 90 ml de água destilada e completada para 100 ml com água destilada. Autoclavagem a 121°C durante 15 min (Collee *et al.*, 1996).

2.1.2.6. Brometo de etídio (0,5%)

Foi preparada uma solução de reserva dissolvendo 0,05 g de brometo de etídio em pó em 10 ml de água destilada num frasco escuro esterilizado. A solução foi misturada em vórtex até ser completamente dissolvida (Sambrook *et al.,* 1989). Foi utilizado na eletroforese como corante específico do ADN. O EB também foi preparado pela empresa Promega/USA.

3.2.1.3. Reagentes

3.2.1.3.1. Reagente vermelho de metilo

Este reagente foi preparado dissolvendo 0,1 g de vermelho de metilo em 300 ml de álcool etílico a 95%, enchendo o volume até 500 ml com D.W., e foi utilizado para a deteção da hidrólise completa da glucose (MacFaddin, 2000).

3.2.1.3.2. Reagente de Voges - Proskauer

O reagente é constituído por:

-**Solução A**, preparada dissolvendo 5 g de α-naftol em 90 ml de álcool etílico absoluto. Encher o volume até 100 ml com álcool.

- **A solução B**, preparada pela dissolução de 40 g de KOH em 90 ml de água destilada, enchendo o volume até 100, foi utilizada para a deteção da hidrólise parcial da glucose (Collee *et al.*, 1996).

3.2.1.3.3. Reagente de oxidase

Este reagente foi preparado de fresco num frasco escuro, dissolvendo 0,1 g de dicloridrato de tetrametil *p-fenil* diamina em 10 ml de água destilada (MacFaddin, 2000).

3.3. Preparação de meios de cultura e de diagnóstico

Todos os meios (sólidos e caldo) foram preparados de acordo com as instruções do fabricante, depois de esterilizados em autoclave (121 C°- 15 libras/polegadas^2 durante 15 min). A incubação dos meios de cultura foi efectuada durante 24 horas, depois de vertidos em placas esterilizadas. Isto foi feito para evitar qualquer contaminação e, em seguida, armazenado a 4 C° até ser utilizado.

3.3.1. Meio de ágar ureia

Foi preparado dissolvendo 4,6 g de meio em 190 ml de água destilada e esterilizado em autoclave, após arrefecimento, o pH foi ajustado para 7,1 e foram adicionados 10 ml de ureia (20%) ao meio, que foi distribuído por tubos de ensaio esterilizados e deixado solidificar em forma de lâmina. Este meio é utilizado para investigar a capacidade das bactérias para produzir a enzima urease (MacFaddin, 2000).

3.3.2. Meios de ágar-sangue:

Foi preparado de acordo com as instruções de fabrico, o pH foi ajustado para 7 e esterilizado em autoclave. O meio foi arrefecido a 45°C e foi-lhe adicionado sangue, que foi utilizado para a hemólise do sangue (MacFaddin, 2000).

3.3.3. Caldo de soja tríptico:

Foi preparado a partir de 30 g de caldo de soja tríptico em 1000 ml de água destilada, aquecido até à ebulição e esterilizado em autoclave. É utilizado para demonstrar a formação de biofilme (Collee *et al.*, 1996).

3.3.4. Ágar-sal de manitol:

Este meio foi utilizado para distinguir as bactérias que têm a capacidade de fermentar o açúcar manitol das que não têm essa capacidade (Collee *et al.*, 1996).

3.3.5. Ágar Muller-Hinton:

Este meio foi preparado adicionando 38 g de meio em 1000 ml de água destilada. Foi utilizado para determinar o teste de suscetibilidade antimicrobiana (AST) (MacFaddin,2000).

3.3.6. Caldo de infusão Brian Heart:

Este meio é utilizado para o crescimento, ativação e manutenção de isolados microbianos (MacFaddin,2000).

3.3.7. Ágar MacConkey: -

Foi preparado adicionando 51,5 g de meio de base a 1000 ml de água destilada. Este meio contém violeta de cristal para impedir o crescimento de bactérias gram-positivas e permitir o crescimento de bactérias Gram-negativas (Govan e Deretic, 1996).

3.4. Manutenção de *P. aeruginosa e B. cepacia*

As lâminas de ágar nutriente com crescimento bacteriano dos isolados de *bactérias* foram incubadas a 37°C durante 18-24 horas e armazenadas durante um mês apenas no frigorífico, para uma manutenção a curto prazo. Enquanto que a manutenção a longo prazo foi efectuada em caldo de infusão de cérebro-coração suplementado com glicerol a 20% e armazenado a - 20 C° durante um ano (Collee *et al.*, 1996).

3.5. Doentes e amostras clínicas:

O estudo incluiu 120 amostras (amostras de esfregaço) recolhidas de doentes que sofrem de úlcera do pé diabético que frequentam a cidade médica de Alsader, ALNajaf/ Iraque, durante o período compreendido entre setembro de 2019 e novembro de 2019, para ambos os sexos, com uma idade compreendida entre 20 e 70 anos.

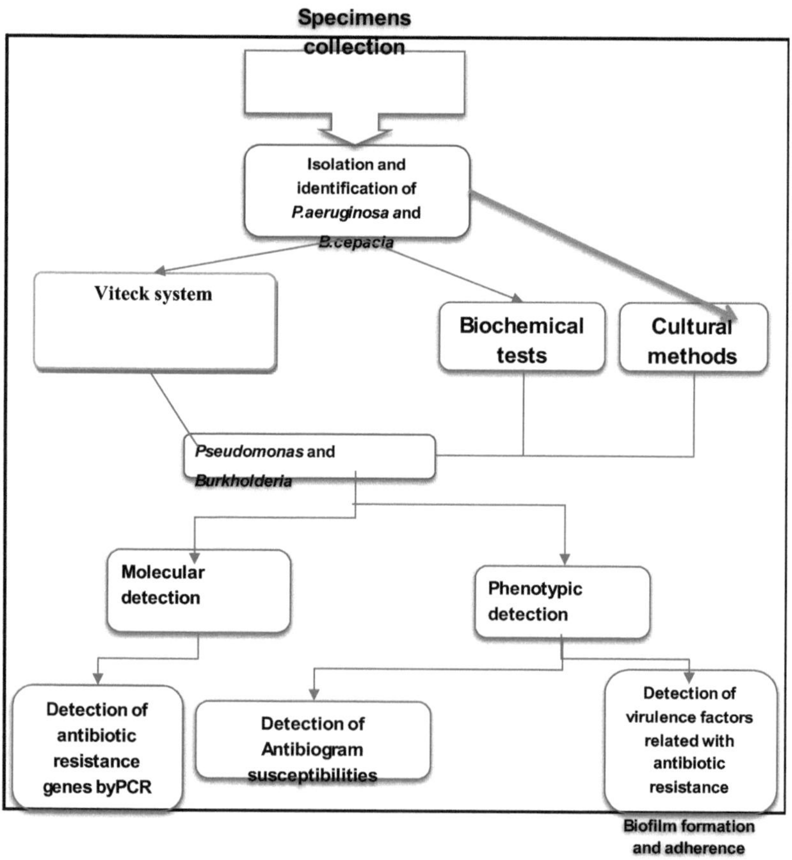

Figura (3-1): Esquema do estudo atual

Os espécimes foram transportados por zaragatoas de transporte estéreis e inoculados utilizando o método direto de inoculação em cultura de meios selectivos, nomeadamente ágar MacConkey, Sangue, Manitol e Cetrimida, conforme a figura (3-1), e depois inoculados a 37°C durante 18-24 horas (Cheesbrough, 2010).

3.6. Identificação de bactérias

3.6.1. Ensaios morfológicos

Estudou as características coloniais, tais como (forma, volume, cor, bordos e textura) e examinou-as microscopicamente após coloração com corante de Gram (Jawetz *et al.*, 2007).

3.6.2. Teste bioquímico

Testes bioquímicos como se segue:

3.6.2.1. Ensaio da catalase

Uma pequena quantidade de crescimento bacteriano foi transferida para a superfície de uma lâmina de vidro limpa e seca, através de um bastão de madeira esterilizado. Foi adicionada uma gota de (3% H O_{22}) à lâmina. A formação de bolhas de gás indica um resultado positivo.

3.6.2.2. Ensaio do indole

A água peptonada foi inoculada com colónias bacterianas jovens e incubada a 37°C durante 24-48 horas, tendo sido adicionado o reagente de Kovacs (0,5 ml). Uma cor vermelha na camada de álcool indica uma reação positiva.

3.6.2.3. Ensaio do vermelho de metilo

Inocularam-se cinco ml de caldo MR-VP com o organismo e incubou-se a 37° C durante 24 horas. Adicionaram-se seis a oito gotas de reagente vermelho de metilo à cultura, misturou-se e o resultado foi lido imediatamente. A mudança de cor para vermelho vivo indica uma reação positiva.

3.6.2.4. Ensaio Voges - Proskaur

Este teste foi realizado através da inoculação de tubos de meio MR - VP com crescimento bacteriano, incubados durante 24 horas a 37° C. Depois, foram adicionadas 15 gotas de alfa-naftol a 5% (reagente A), seguidas de 10 gotas de KOH a 40% (reagente B), agitando-se bem e deixando-se repousar durante 15 minutos antes de considerar a reação como negativa.

3.6.2.5. Teste de Kligler Iron Agar (KIA)

O tubo de KIA slant foi esfaqueado e semeado e foi incubado a 37°C durante 24-48 horas. A mudança da cor do meio de cultura de vermelho-alaranjado para amarelo deveu-se à fermentação de hidratos de carbono com ou sem formação de gás no fundo do tubo. Além disso, a formação de sulfureto de hidrogénio deu origem a uma precipitação de cor preta no fundo.

3.6.2.6. Teste de motilidade

Dez ml de meio nutriente semi-sólido foram colocados num tubo de ensaio e deixados na posição vertical, inoculados com um fio reto estéril, fazendo uma única punhalada no centro do tubo até cerca de metade da profundidade do meio. A cultura foi incubada a 37°C durante 48 horas; a distribuição do crescimento no exterior da região da punhalada indica um resultado positivo.

3.6.2.7. Utilização de citratos

O teste foi efectuado utilizando o meio de cultura de citrato de Simmon; os tubos foram inoculados com colónias bacterianas e incubados durante (24-48) horas a 37° C. A mudança de cor do meio de cultura de verde para azul indica um resultado positivo.

3.6.2.8. Ensaio da urease

A lâmina de ureia foi esfaqueada e estriada com a colónia bacteriana, e os tubos foram incubados durante (24-48) horas a 37°C. A mudança da cor do meio para rosa indica um resultado positivo.

3.6.2.9. Ensaio da **oxidase**

Este teste foi efectuado através da transferência de parte do crescimento bacteriano de paus lenhosos esterilizados para papel de filtro com reagente de oxidase (cloridrato de tetrametil-Parafenileno diamina). A mudança de cor para púrpura escuro após alguns minutos indica um resultado positivo.

3.6.3. GN-ID com VITEK-2 Compact

Este sistema é composto por um computador pessoal, um leitor/incubadora constituído por vários componentes internos, incluindo: cassete de cartões, mecanismo de enchimento de cartões, mecanismo de processamento de carregamento de cassetes, selador de cartões, leitor de códigos de barras, carrossel de cassetes e incubadora, para além de ótica de transmissão, processamento de resíduos, eletrónica de controlo de instrumentos e firm ware.

O sistema foi equipado com uma base de dados de identificação alargada para todos os testes de identificação de rotina que proporcionam uma eficiência melhorada no diagnóstico microbiano, o que reduz a necessidade de realizar quaisquer testes adicionais, de modo a aumentar a segurança tanto para o teste como para o utilizador.

Todos os passos seguintes são preparados de acordo com as instruções do fabricante. Foram colocados três ml de solução salina normal num tubo de ensaio plano e inoculados com uma colónia isolada cheia. O tubo de ensaio foi inserido numa máquina de dens check para padronização da colónia para a solução padrão de McFarland (1,5 x 10^8 célula/ml). Os inóculos padronizados foram colocados na cassete e um número de identificação da amostra foi introduzido no software do computador através de um código de barras. O tipo de cartão VITEK 2 é então lido a partir do código de barras colocado no cartão durante o fabrico, e o cartão, assim, ligado ao número de identificação da amostra. Em seguida, a cassete foi colocada no módulo de enchimento. Quando os cartões estavam cheios, a cassete era transferida para o módulo de leitura/incubadora. Todas as etapas subsequentes foram tratadas pelo instrumento, que controla a temperatura de incubação, a leitura ótica dos cartões e monitoriza e transfere continuamente os dados do teste para o computador para análise.

3.7. Preparação do inóculo

A suspensão foi preparada de acordo com as recomendações do fabricante da empresa bioMérieux, transferindo um número suficiente de colónias de uma cultura pura de um dia para o outro com uma zaragatoa e suspendendo o microrganismo em 3,0 ml de solução salina estéril num tubo de ensaio de plástico transparente (poliestireno) de 12 x 75 mm. A turbidez foi ajustada para se tornar equivalente a um McFarland n.º 0,5 utilizando um medidor de turbidez chamado DensiChek. A mesma suspensão foi utilizada na identificação com o sistema compacto VITEK-2.

3.8. Teste de suscetibilidade aos antibióticos Método de difusão em disco

Foi realizado de acordo com o Clinical Laboratory Standard Institute (CLSI, 2018), utilizando uma cultura pura de um organismo bacteriano previamente identificado.

1. Com uma ansa de arame esterilizada, colocar as pontas de 4-5 colónias isoladas do organismo num tubo de ensaio contendo 5 ml de solução salina normal esterilizada numa densidade celular equivalente à turvação do tubo McFarland n.º (0,5), que é aproximadamente igual à densidade de células bacterianas de $1,5 \times 10^8$ células/ml

2. Um cotonete estéril foi mergulhado na suspensão bacteriana padronizada. O excesso de líquido foi removido rodando a zaragatoa firmemente contra o interior do tubo acima do nível do líquido. A zaragatoa foi então espalhada na superfície seca de uma placa de Muller-Hinton em dois planos diferentes para obter uma distribuição uniforme dos inóculos.

3. As tampas das placas foram recolocadas e as placas inoculadas foram deixadas numa superfície plana e nivelada durante 3-5 minutos para permitir a absorção do excesso de humidade.

4. Com uma pinça estéril, os discos seleccionados foram colocados na placa inoculada e pressionados suavemente no ágar. No espaço de 15 minutos, as placas inoculadas foram incubadas a 37° C durante 18 -24 horas numa posição invertida.

5. Após a incubação, os diâmetros da zona de inibição completa foram anotados e medidos utilizando luz reflectida e uma régua. O ponto final, medido ao milímetro mais próximo, foi considerado como a área que não apresentava crescimento visível.

6. Os resultados foram interpretados de acordo com (CLSI, 2018), os diâmetros críticos e o folheto informativo dos fabricantes de antibióticos.

3.9 Deteção fenotípica da β-lactamase

Foi utilizado um método direto de tubos capilares para a deteção da produção de β-lactamase (Koneman *et al.*, 1992), que inclui

1. Adicionar 2 ml de solução indicadora de vermelho de fenol (0,5%) à solução de Pencilina G (que foi preparada como no passo 3**.2.1.2.7**).

2. Adicionar a esta suspensão gotas de solução de NaoH (1N) até a cor mudar para violeta (que foi preparada como no passo **3.2.1.3.7**).

3. Mergulhar uma extremidade dos tubos capilares na solução de prepardos até atingir uma altura de 1-2 cm e, em seguida, mergulhar esta extremidade dos tubos capilares na cultura de colónias bacterianas durante 24 horas para fazer o tampão bacteriano (evitar a formação de bolhas entre a solução e as colónias).

4. Incubar os tubos capilares verticalmente a 37°C, o resultado foi lido no espaço de 15 minutos com a mudança de cor do topo das colónias para amarelo, indicando um resultado positivo.

3.10. Produção de β-lactamases de espetro alargado

3.10.1. Rastreio inicial da produção de ESBL

Todos os isolados bacterianos que produziam β-lactamase foram testados para a produção de ESBL através de um teste de rastreio inicial. O isolado seria considerado potencial produtor de ESBL, se a zona de inibição dos discos de ceftazidima (30µg) fosse ≤ 22 mm (CLSI, 2018).

3.10.2. Teste de confirmação da produção de ESBL

Foi utilizado o teste de aproximação de discos, de acordo com Batchoun *et al.* (2009): discos de 30 µg de antibiótico de cefotaxima, ceftazidima, ceftriaxiona e azetreonam foram colocados 15 mm (borda a borda) em torno de um disco central de amoxi-clav (20 µg de amoxicilina mais 10 µg de clavulanato) em placas de ágar Muller-Hinton semeadas com o organismo a ser testado para a produção de ESBL. Foi registado qualquer aumento (aumento do diâmetro da zona de inibição) entre o disco central de amoxiclav e qualquer um dos discos de antibióticos β-lactâmicos que apresentavam resistência ou suscetibilidade intermédia, e o organismo foi assim considerado como produtor de ESBL.

3.11. Factores de virulência relacionados com a resistência aos antibióticos

3.11.1Adesão bacteriana

3.11.1.1. Preparação da suspensão bacteriana de P. *aeruginosa* e *B. cepetia.*

A bactéria foi centrifugada e lavada, o sedimento foi lavado duas vezes com PBS e a concentração de células para 1,5x10^8 **CFU** /ml utilizando a contagem de células viáveis.

3.11.1.2. Preparação de células epiteliais

As células epiteliais foram obtidas a partir da urina de uma mulher saudável e centrifugadas. O sobrenadante foi eliminado e o pellet que continha células epiteliais foi lavado com PBS e centrifugado, suspenso em (PBS) para obter $1x10^5$ células epiteliais/ml utilizando um hemocitómetro.

3.11.1.3. Procedimento de adesão

Uma suspensão bacteriana misturada com uma suspensão de células epiteliais foi incubada num agitador-incubador. As bactérias não aderentes foram removidas por centrifugação três vezes em PBS. O pellet final foi ressuspendido numa gota de PBS, colocado numa lâmina de vidro para microscópio e seco ao ar. A lâmina de vidro foi fixada com metanol absoluto e coberta com coloração de giemsa. O número de bactérias aderidas foi contado ao microscópio de luz (Andreu *et al.*,1995).

3.11. 2. formação de biofilme

O ensaio em placas de cultura de tecidos (TCP), também designado por ensaio semi-quantitativo em placas de microtitulação (ensaio de biofilme), descrito por Christensen *et al.*, 1985, foi o mais utilizado e considerado como o teste padrão para a deteção da formação de biofilme, como se segue:

1. Os isolados de placas de ágar frescas foram inoculados em TSB contendo 1% de glucose e incubados durante 72 horas a 37C° e depois diluídos 1:100 com TSB fresco (Stepanovic *et al.*,2004).
2. Os poços individuais de placas de cultura de tecidos estéreis, de poliestireno, com 96 poços e fundo plano foram preenchidos com alíquotas de 150µl das culturas diluídas e apenas o caldo serviu de controlo para verificar a ligação não específica do meio. Cada isolado foi inoculado em triplicado.

3. As placas de cultura de tecidos foram incubadas durante 24 horas a 37°C. Após a incubação, o conteúdo de cada poço foi cuidadosamente removido batendo nas placas. Os poços foram lavados quatro vezes com tampão fosfato salino (PBS pH 7,2) para remover as bactérias "planctónicas" que flutuavam livremente.
4. Os biofilmes formados por organismos "sésseis" aderentes na placa foram fixados colocando-os na estufa a 37°C durante 30 minutos.
5. Todos os poços foram corados com violeta de cristal (0,1% p/v). O excesso de corante foi lavado com água desionizada e as placas foram mantidas para secagem.
6. Adicionou-se cento e cinquenta (150 µl) de mistura de acetato de sódio (20:80, v/v) para dissolver a violeta cristal ligada. A densidade ótica (D.O.) a 630nm foi registada e os resultados foram interpretados de acordo com a tabela (3-8).

Tabela (3-7) Classificação da aderência bacteriana e da formação de biofilme pelo método da placa de cultura de tecidos (TCP)

Média do valor de DO a 630nm	Formação de biofilme
<0.120	Não
0.120-0.240	Moderado
>0.240	Elevado

3.12. Estudo molecular

3.12.1. Extração de ADN genómico

ADN dos isolados. *P. aerogenosa e B. cepetia isoladas* foi preparado pelo método de ebulição. Resumidamente, as colónias foram suspensas em 100 microlitros de água destilada estéril e fervidas a 100^0 C em banho-maria durante 15 minutos, depois arrefecidas rapidamente a -20^0 C durante uma hora, depois centrifugadas e o sobrenadante foi preservado para ser utilizado nos processos de amplificação (Shah *et al.,* 2017).

3.12.2. Estimativa da concentração de ADN

A concentração e pureza do ADN podem ser determinadas através da leitura da densidade ótica de uma amostra a 260 e 280 nm em espetrofotometria, 5 µL de cada amostra de ADN foram adicionados a 995 µL de água destilada e bem misturados. A leitura a 260 nm. permite calcular a concentração de ácido nucleico na amostra. Para ADN puro de cadeia dupla, 1 OD260 = 50 ug/ mL (Williams *et al*., 2007). O rácio entre as leituras a 260 e 280 nm (DO 260/DO 280) fornece uma estimativa da pureza do ácido nucleico. A preparação pura de ADN tem um valor de OD 260/OD 280 de 1,8. A concentração de ADN foi calculada pela fórmula:

Concentração de ADN (µg/ml) = D.O. 260nm × 50 × fator de diluição

3.13. Deteção de genes de resistência aos antibióticos por P C R

3.13.1. Preparação da suspensão de primários

Os primers de ADN (da empresa Alpha DNA, Canadá) foram ressuspendidos dissolvendo o produto liofilizado após centrifugação breve com tampão TE de graduação molecular, de acordo com as instruções do fabricante, como suspensão de reserva. O tubo do iniciador de trabalho foi preparado diluindo-o com tampão TE de graduação molecular. Os picomoles finais dependiam do procedimento de cada iniciador.

3.13.2. Protocolo da reação em cadeia da polimerase

O extrato de ADN das bactérias. Os isolados foram submetidos aos genes de resistência aos antibióticos enumerados em (3-6) utilizando PCR. O protocolo foi utilizado de acordo com as instruções do fabricante da Promega Biosystem. Reação única (volume de reação final de 20 µl), de acordo com a tabela (3-9). Todos os componentes da PCR foram reunidos num tubo de PCR e misturados por microcentrifugação refrigerada a 50 rcf durante 10 segundos.

Tabela (3-8) Protocolo de volumes de mistura de reação de PCR monocomplexo

Solução de mistura	
Mistura principal	8 Lµ
Modelo de ADN	5 Lµ
Primers de avanço	1,5 Lµ
Primers inversos	1,5 Lµ
Água desionizada (água d d)	4µ L
Volume final 20 Lµ	

3.13.3. Condições de termociclagem da PCR

Os tubos de PCR foram colocados na máquina de PCR e as condições correctas dos parâmetros do programa de ciclo de PCR foram instaladas como na tabela (3-10).

Tabela (3-9): As condições de amplificação dos genes foram utilizadas nas reacções de PCR.

Gene	**Desnaturaç ão inicial**	**N.º de**	**Desnaturaç ão**	**Recozim ento**	**Extensã o**	**Extensã o final**

		ciclo s				
blaCtx m	94 C° para 4min.	35	94 C° para 30Seg	63C° para 1 min	72 C° para 1min.	72C° para 5min.
blaKpc	94 C° para 5 min.	35	94 C° para 1min	50C° para 1min.	72 C° para 1 min	72C° para 10min.
blaImp	94 C° 10 min	30	94 C° 40Seg	55 C° para 40Seg	72 C° para 1 min	72 C° para 10 min
blaOxa	94 C° para 10 min	30	94 C° para 40Seg	60 C° para 40Seg	72 C° para 1min	72 C° para 5 min
IntI	94 C° para 5 min	35	94C° para 30 segundos	55C° para 30 segundos	72 C° para 1min	72 C° para 7min

3.13.4. Eletroforese em gel de agarose

Todos os requisitos, técnicas e preparações da eletroforese em gel de agarose para deteção e análise do ADN foram realizados de acordo com Bartlett e Stirling, (1998).

3.13.5. Preparação do gel de agarose e carregamento do ADN

O gel de agarose foi preparado adicionando 1 g de pó de agarose a 100 ml de tampão TBE previamente preparado (90 ml de D.W. foram adicionados a 10 ml de tampão TBE 0X, a concentração final foi de 1 X e pH 8). A mistura foi colocada num banho de água a ferver até ficar límpida, depois deixada arrefecer a 50°C, e foi adicionado brometo de etídio a uma concentração de 0,5 mg/ml. A agarose foi vertida gentilmente num tabuleiro de gel equilibrado, anteriormente colocado com dois pentes fixados na extremidade e no meio, e as duas extremidades do tabuleiro de gel foram seladas. A agarose foi deixada solidificar à temperatura ambiente durante 30 minutos. Os pentes e o selo foram retirados cuidadosamente do tabuleiro. O pente formou poços utilizados para carregar as amostras de ADN. Foram colocados cinco microlitros de produto de PCR amplificado nos poços do gel de agarose, seguidos de um marcador de ADN (ladder) num dos poços. O tabuleiro de gel foi fixado na câmara de eletroforese e foi adicionado tampão TBE IX à câmara até cobrir a superfície do gel. A corrente eléctrica foi aplicada a 70 volts durante 1,5-2 horas (Al-Sehlawi, 2012).

3.13.6. Deteção de ADN por eletroforese em gel de agarose.

Os produtos de PCR amplificados foram detectados por ectroforese em gel de agarose e visualizados por coloração com brometo de etídio. O resultado da eletroforese foi detectado utilizando o sistema de documentação do gel. Os resultados positivos foram distinguidos quando os pares de bases da banda de ADN da amostra eram iguais ao tamanho do produto-alvo (Bartlett e Stirling, 1998). Finalmente, o gel foi fotografado utilizando o sistema de documentação de gel Biometra.

3.14. Apuramento ético:

o comité de ética da investigação científica, mediante aprovação ética dos ministérios do ambiente e da saúde e do ensino superior e da investigação no Iraque.

Capítulo IV
Resultados e discussões

4. resultados e discussões

4.1. Perfil demográfico dos pacientes com úlcera do pé diabético.

Este estudo foi realizado em 120 espécimes de feridas do pé diabético de pacientes suspeitos durante o período de setembro de 2019 a dezembro de 2019.Os resultados indicaram que os espécimes clínicos foram 120 distribuídos de acordo com a idade do paciente variou de (20-70) anos de idade. A menor incidência foi entre o grupo etário (20-30) e mais de (60) anos 3,3% e 1,6% respetivamente, enquanto a maior incidência foi entre o grupo etário (51-60) (39,1%) como na tabela4-1.

Tabela (4.1): A distribuição dos doentes de acordo com os grupos etários e o género.

Género	Grupo etário N.º (%)					
	20-30	31-40	41-50	51- 60	61-70	total
Feminino	1 (0.8)	8 (6.6)	18 (15)	19 (15.8)	0 (0)	46
Masculino	3 (2.5)	17 (14.2)	24 (20)	28 (23.3)	2 (1.6)	74
Total	6 (3.3)	25 (20.8)	42 (35)	47 (39.1)	2 (1.6)	120

Em 120 doentes, 74 (61,7%) eram do sexo masculino e 46 (38,3%) do sexo feminino, como se pode ver na figura (4-1). (2008), que observaram que os homens eram mais frequentes do que as mulheres (78,64% vs 21,36%) num total de 270 doentes diabéticos (180 homens e 90 mulheres) que sofriam de infecções nos pés. O rácio entre homens e mulheres foi de 2: 1, com uma idade compreendida entre 36 e 75 anos, e Shekhar *et al.*,(2014) ilustraram que o sexo masculino registou 72,2% .

O estudo realizado em Chennai mostrou que os homens eram mais susceptíveis do que as mulheres **numa** proporção de 8:3 (Malikunnisa e Begum, 2005). Estudos anteriores mostraram que os homens eram mais susceptíveis do que as mulheres na proporção de 2: 1, o que está de acordo com o presente estudo (Shekhar *et al.*, 2014). A predominância de doentes do sexo masculino sobre os do sexo feminino, conforme demonstrado no estudo, pode ser explicada pelo facto de, no nosso país, os homens estarem mais expostos a factores ambientais externos. A predominância masculina na DFU pode estar ligada a factores como as diferenças relacionadas com o género nos estilos de vida e nos papéis profissionais que exigem que os pés tolerem mais pressão em resultado do trabalho, o aumento do nível de trabalho ao ar livre e a fraca adesão às práticas de cuidados com os pés em comparação com as mulheres. A cicatrização de feridas nas mulheres é melhor do que nos homens, o que pode dever-se a diferenças hormonais e explicar que o aumento do recetor de estrogénio nas mulheres aumenta a cicatrização da ferida, actuando como potenciadores endógenos do processo de cicatrização, enquanto nos homens o aumento do nível de androgénio foi considerado prejudicial para a cicatrização de feridas, uma vez que as espécies androgénicas diminuem a reparação da derme (Gilliver e Ashcroft, 2007; Wilkinson e Hardman, 2017).

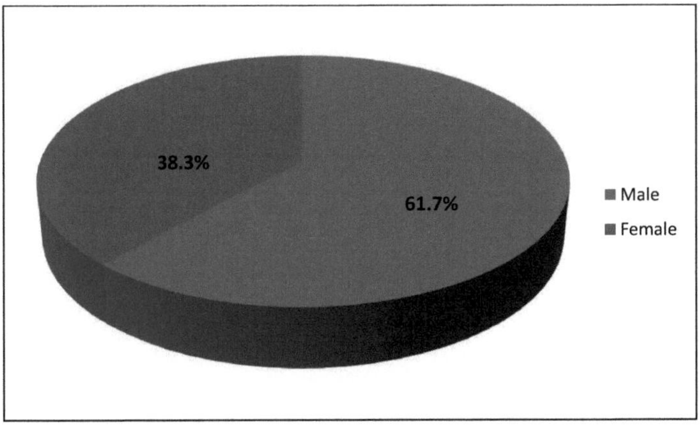

Figura (4-1): Total de pacientes com úlcera do pé diabético de acordo com o género.

4.2. Isolamento de bactérias patogénicas da úlcera do pé diabético (DFU)

Num total de 120 zaragatoas, cerca de 100 (83,3%) apresentam uma cultura positiva de crescimento bacteriano, contra 20 (16,7%) que apresentam resultados negativos para a cultura. O resultado do crescimento negativo pode ser resultado de outros agentes causadores de infeção, bactérias anaeróbias, fungos e vírus (Jain e Barman, 2017), ou pode ser resultado de as feridas não estarem infetadas na altura do estudo ou de os antibióticos prescritos serem eficazes (Turhan *et al.*, 2013).

A investigação da cultura, dependendo do teste morfológico e bioquímico, mostra que as bactérias Gram negativas revelam uma taxa elevada de 71 (64,5%), que inclui a *E. coli*, que apresenta uma percentagem elevada de 21 (19,1%), depois a *P. aerogenosa* 17 (15,4%), seguida da *K. pneumonia* com 15 (11,6%), *Proteus mirabillis* 7 (6.3 %), *Proteus vulgaris* 3 (2.7%) e *Burkholderia cepacia* 8 (7.2%) como na figura (4-3) enquanto que as bactérias G +ve registaram 39 (35.4 %) que incluem *S. aureus* foi a bactéria mais isolada neste estudo com uma percentagem de 21 (19.1 %) seguida de S.*epidermidis* 18 (16.3 %) como na figura (4-2)

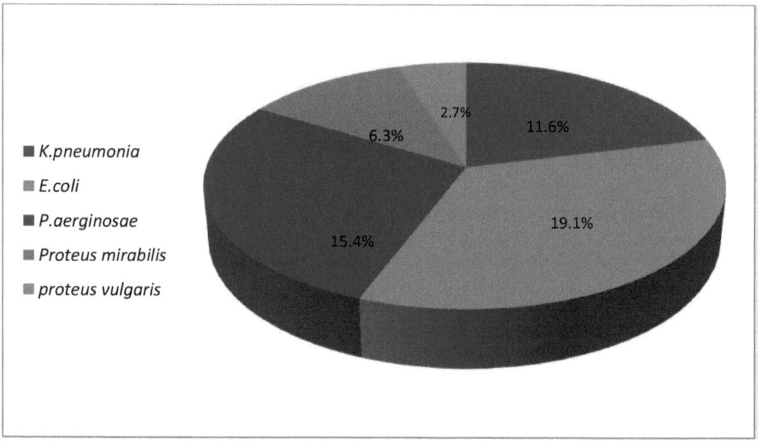

Figura (4-2): Distribuição dos Isolados Bacterianos Gram Negativos da DFU

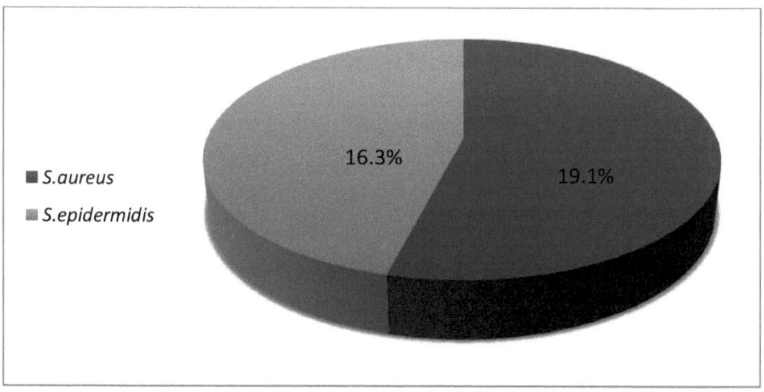

Fig (4-3): Distribuição dos isolados bacterianos Gram positivos

Bansal *et al.*,(2008) observaram que as bactérias gram negativas foram isoladas em 76%, enquanto as bactérias gram positivas foram isoladas em 24% dos pacientes com DFU . A predominância de bactérias gram-negativas foi registada neste estudo, o que está de acordo com (Banu *et al.*, 2015).

Este estudo, na mesma linha de outros estudos, demonstrou que as bactérias gram-negativas são predominantes em relação às *G+ve* nas IFD Nadu *et al.*, (2014), e Shabaki,(2014) que demonstraram que *a Pseudomonas spp* era mais comum nas IFD. Tiwari *et al.*,(2012) observaram que a E. *coli* era mais prevalente, seguida da *P. aeruginosa.* As infecções por *Proteus* são consideradas principalmente uma infeção adquirida na comunidade (Elamenya *et al.,*2015).

Neste estudo, as bactérias isoladas foram *P. aeruginosa e B. cepacia* em pacientes com DFI 25 (20,8%), este acordo com Sapio *et al.***,** (2009*)* observou que, o *P. aeruginosa* e *B. cepacia* é a principal preocupação na DFU, pois geralmente é multirresistente, onde; Noor *et al., (*2017) relataram uma prevalência de 6,3% de *P. aeruginosa* em casos de DFU. Rahim *et al.* (2017), da Itália, relataram 19,5% de *B. cepacia* em DFU, o que mostra que as infecções bacterianas em casos de DFU podem variar de acordo com o ambiente, bem como com o estado imunológico individual. No presente estudo, 90 (81,8%) dos casos apresentavam uma infeção monomicrobiana, enquanto 10 (9,1%) apresentavam uma infeção polimicrobiana. Este acordo com outros estudos Javedh *et al.*, (2011) explicaram que 53,5% dos pacientes tinham infecções monomicrobianas e 46,5% dos pacientes tinham infecções polimicrobianas e acordo com Carvalho *et al.*, (2004); Shettigar *et al*, (2018), que afirmaram que as infecções monomicrobianas eram mais comuns, mas discordam de Altrichter, que relatou que as cepas polimicrobianas eram mais comuns Altrichter *et al.*, (2005) e Sanjith *et al.*, (2018), que relataram que 44,3% eram monomicrobianas e 55,7% eram polimicrobianas. A natureza monomicrobiana da infeção está associada à duração da úlcera e ao tratamento antimicrobiano. No início da infeção, prevalece o estado monomicrobiano e, à medida que a infeção progride, surge um estado polimicrobiano. Além disso, as úlceras menos profundas e com um menor grau de necrose tendem a ser monomicrobianas (Banu *et al.*,2015).

Quando as infecções polibacterianas são difíceis de curar porque estas bactérias formam biofilmes e impedem a atividade dos antibióticos, os organismos conduzem à libertação de factores de virulência e agentes nos quais os organismos aumentam a inflamação e actuam sinergicamente para causar uma infeção crónica da ferida (Lipsky *et al.,* 2013). Dez doentes (9,1%) recrutados para o estudo tinham infecções mistas habitadas por dois microrganismos. A maioria das infecções mistas era composta por *E. coli* e *K. pneumonia 2* (1,8%), S.*aureus* e *S.epidermidis* 8 (7,3%).

4.3. Identificação de *P. aeruginosa* e *B. cepacia*

4.3.1. Caracterização morfológica

Os isolados bacterianos obtidos a partir de amostras clínicas foram inicialmente identificados de acordo com a morfologia cultural, as características microscópicas e os testes bioquímicos. Microscopicamente, *P. aeruginosa e B. cepacia* pareciam bacilos gram-negativos, a identificação cultural de *P. aeruginosa e B. cepacia* dependia da morfologia colonial. Uma vez que as colónias de *P. aeruginosa e B. cepacia* foram cultivadas em ágar-sangue, aparecem difusas-hemolíticas, enquanto as colónias quando cultivadas no ágar MacConkey, indicaram que *P. aeruginosa* é incapaz de fermentar o açúcar da lactose com pequenas colónias de cor pálida (Brooks *et al.,* 2007; Fahadawi *et al.*,2019). As espécies do complexo *B. cepacia* são bastonetes gram-negativos aeróbicos obrigatórios que não fermentam a glucose e são catalase positivos. As bactérias podem proliferar em condições de nutrição mínima e podem sobreviver na presença de certos desinfectantes *B. cepacia* não fermenta colónias de lactose no ágar MacConkey e produz pigmento noutros meios como na figura (4-4) (McMenamin *et al.*, 2000 ; Sharanya ,2018).

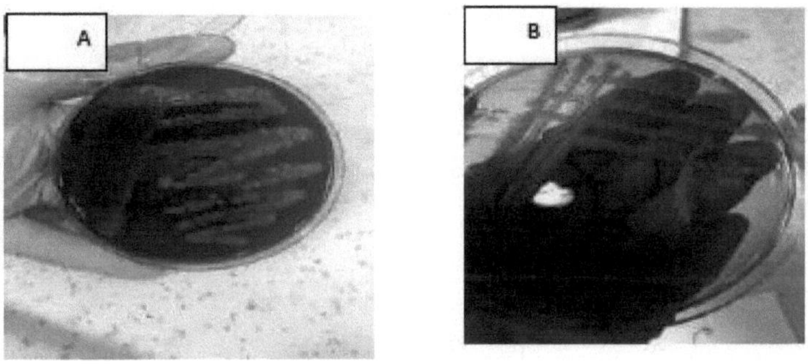

Figura (4-4): (A) Crescimento de *P.aerginosae* em meio de ágar-sangue e (B) Crescimento de *B. cepacia* em meio de ágar MacConkey

4.3.2. Testes bioquímicos

Os resultados dos testes bioquímicos registados na tabela (4-2) foram considerados como um complemento da identificação inicial dos isolados de *P. aeruginosa e B cepacia.* Os isolados confirmam as características gerais, sendo positivos para o teste da oxidase e da catalase, mas negativos para a produção de urease, produção de indol, Voges Proskauer, teste do vermelho de metilo e teste de produção de H_2 S. Os isolados *de P. aeruginosa* apresentaram uma inclinação alcalina / fundo sem alterações e nenhuma produção de gás no *TSI.* Todos os resultados foram idênticos aos de Jvo ,(2007) e Khalifa *et al.*,(2019), enquanto os isolados de *B. cepacia* foram positivos para o teste de oxidase e catalase, mas resultado negativo para a produção de urease de acordo com (Gautam *et al.*, 2009).

Tabela (4-2): Características bioquímicas de *P. aeruginosa e B. cepacia*

Teste	*P. aeruginosa*	*B. cepacia*
Teste da oxidase	+	+
Produção de indole	_	-
Vermelho de metilo	_	-
Voges -Pproskauer	_	-
H_2 S produção	_	-
ETI	K\K	K\K
hidrólise Ureia	_	_
Teste da catalase	+	+
Motilidade	+	+
Utilização de citratos	+	+

Após uma investigação bacteriológica pormenorizada com base nos testes morfológicos, culturais e bioquímicos, 25 isolados foram identificados provisoriamente como *P. aeruginosa* (17) *e B. cepacia* (8).

A identificação final foi realizada com o sistema automatizado VITEK-2 compact utilizando cartões GN-ID que continham 47 testes bioquímicos e um poço de controlo negativo (Anexo 2). Os resultados demonstram que apenas 25 isolados da ferida do pé diabético foram confirmados como *P. aeruginosa e B. cepacia* com um nível de confiança da mensagem de identificação muito bom (percentagem de probabilidade de 88 a 98), como se mostra no (Anexo 3).

4.4. Factores de virulência relacionados com a resistência aos antibióticos

4.4.1. Adesão bacteriana

Os resultados mostraram que a maioria dos isolados de *P. aeruginosa* 10/17 (58,8%) e *B. cepacia* 5/8 (62,5%) foram capazes de aderir às células epiteliais de superfície. Estas observações parecem concordar com os resultados de Itah e Essien, (2005), Pier e Ramphal (2005) e Das *et al.,* (2020), que relataram a elevada capacidade de aderência dos isolados de *P. aeruginosa* às células epiteliais da pele. Também muitos estudos mostraram que *B. cepacia* pode invadir e sobreviver dentro das células epiteliais in vitro (Duff *et al.,* 2006; Ganesh *et al.,* 2019). As fímbrias ou curli desempenham um papel vital na fixação das bactérias à superfície e dão um sinal para o início da formação de microcolónias. Muitos agentes patogénicos bacterianos utilizam apêndices de superfície subcelular que irradiam da superfície bacteriana para a adesão inicial (Galan e Curtis, 1991; Nawroth *et al.*,2017).

A transmissão de estirpes de B. *cepacia* entre doentes com DFU tem sido associada a dois marcadores genéticos, a subunidade da pilina do cabo (cblA) que promove a fixação através da ligação à pele anormal e o regulador transcricional (Parvin *et al.*, 2015). A patogenicidade do complexo *B. cepacia* em pessoas com doença granulomatosa crónica parece dever-se à capacidade da bactéria de resistir à morte não oxidativa mediada por neutrófilos e de induzir a necrose dos neutrófilos. Os isolados clínicos da mesma espécie do complexo B. *cepacia* apresentam fenótipos de virulência diferentes, provavelmente relacionados com a expressão diferencial de factores de virulência que promovem a sobrevivência intracelular (linda *et al.*, 2010). A capacidade da bactéria de aderir à superfície das células epiteliais foi um dos factores de virulência importantes, uma vez que é o primeiro passo no processo de infeção (George e Kishen, 2007; Johansson e Dahlén, 2018).

4.4.2. Estudo da Formação de Biofilme de *Bactérias*.

Os resultados revelaram a quantificação da formação de biofilme pelo método da placa de microtitulação. O total de isolados de *P. aeruginosa* e *B. cepacia* foi de 15 (92%) e 6 (95%), respetivamente, como na figura (4-5) e na tabela (4-3).

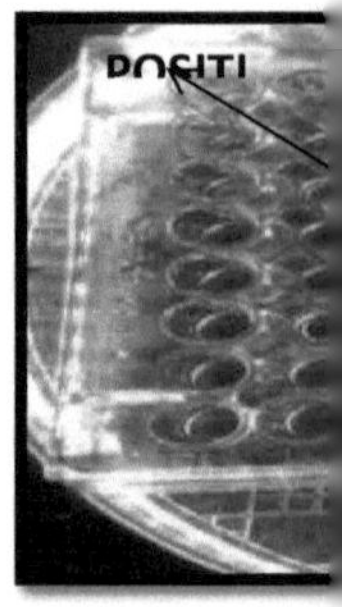

Figura (4-5): Formação de biofilme *de P.aeruginosa(*13-64) e *B. cepacia* (66-96) e controlo(1-12).

Tabela (4-3) Bioprodução de biofilme de isolados de P.aeruginosa e B. cepacia

Tipo de formação de biofilme	*P.aeruginosa* N.º 17 (%)	*B. cepacia* N.º 8 (%)	Total Não. (%)
Elevado (> 0,240 ± 0,022)	80% (15)	45% (6)	78% (21)
Moderado (0,120-0,240 ± 0,020)	15% (2)	22% (2)	16% (4)

Fraco / Não (< 0,12 0 ± 0,012)	0% (0)	0% (0)	6%% (0)
Total	100% (17)	100% (8)	100% (25)

A capacidade de produzir biofilme, as bactérias dentro dos biofilmes estão protegidas de várias pressões, incluindo respostas imunitárias e agentes antimicrobianos. A capacidade de formação de biofilme das bactérias tem sido associada a uma maior resistência aos antibióticos e a infecções crónicas recorrentes, especialmente em diabéticos. Diferentes microrganismos podem existir independentemente ou combinar-se para formar microcomunidades no interior de uma matriz de substâncias poliméricas extracelulares denominada biofilme. A capacidade de um microrganismo para formar biofilme é um importante fator de virulência, uma vez que estabelece um ambiente protetor para os organismos sobreviverem e escaparem aos antibióticos. Estes biofilmes são a principal causa de muitas infecções crónicas, como as úlceras do pé diabético, e abrem caminho para o ressurgimento de estirpes multirresistentes e resultam no fracasso do tratamento (Van *et al.*,2013). Os biofilmes são difíceis de erradicar utilizando antibióticos convencionais, pelo que a identificação de produtores de biofilmes entre os isolados clínicos pode conduzir a uma melhor gestão das infecções de feridas em diabéticos que, apesar do tratamento repetido com antibióticos, não respondem ao tratamento porque os biofilmes não estão a ser testados por rotina (Swarna *et al.,* 2012). Ashok, (2011) referiu que *a P. aeruginosa forma* biofilmes mais facilmente no ambiente da ferida diabética. *A B. cepacia* é difícil de erradicar devido à sua resistência inata a uma vasta gama de antibióticos e à sua capacidade de formar biofilmes. Além disso, as células associadas ao biofilme são frequentemente mais tolerantes aos antimicrobianos do que as células planctónicas (Caraher *et al.,* 2006; Van *et al.*, 2013).

Considera-se geralmente que a formação de biofilmes ocorre em quatro fases principais: fixação das bactérias a uma superfície, formação de microcolónias, maturação do biofilme e desprendimento (também designado por dispersão) das bactérias, que podem então colonizar novas áreas. As bactérias no interior do biofilme, designadas por bactérias sésseis, existem numa fase de crescimento estacionária ou dormente e apresentam fenótipos que são distintos das bactérias planctónicas (Vilain *et.al.*, 2004). Tanto em *P. aeruginosa* como em *B. cepacia,* a expressão de vários factores de virulência é controlada por sistemas de deteção de quorum dependentes de AHL, em que se acredita que a comunicação célula-célula através da deteção de quorum é mediada principalmente por N-acil-l-homoserina lactonas (AHLs) como moléculas de sinalização (Yang *et al.*, 2012 ; Williams *et al.*, 2000 ; Banerjee e Ray, 2016 ; Zlosnik, 2011).

4.5. Resistência fenotípica dos isolados

4.5.1. Suscetibilidade a antibióticos

Este teste foi efectuado para todos os isolados utilizando o teste de difusão em disco para catorze antibióticos que incluíam: classe dos carbepenemas (imipenem e meropenem); cefalosporinas (ceftazidima, cefoxitina, cefriaxona, cefepima e cefotaxima); classe dos monobactâmicos (aztreonam) e penicilinas (piperacilina, ticarclina com ácido clavulnico); aminoglicosídeos (tobramicina, amicacina, gentamicina); floroquniolona (ciproflaxina, levofloxacina).Os resultados foram interpretados de acordo com a recomendação do CLSI (2018).

A *P. aeruginosa* apresentou níveis variados de resistência a: ceftriaxona, cefoxitina e cefepima com percentagem de (100%); tobramicina, ciproflaxina e levofloxacina com percentagem de (41.1%); ticarclina com ácido clavulânico, piperaclina, ceftazidima e amicacina com uma percentagem de (35,2%); aztreonam com uma percentagem de (47,5%); meropenem e imipenem com uma percentagem de (23,5%) (figura 4-6). Os isolados de *B. cepacia* mostraram um elevado nível de resistência a quase todas as classes de antibióticos em estudo, incluindo: ceftriaxona, cefoxitina e cefepima, com uma percentagem de (100%); ticarclina com ácido clavulânico, piperaclina, ceftazidima, tobramicina, ciproflaxina e levofloxacina, com uma percentagem de (87.5%); aztreonam e amicacina com uma percentagem de (50%); meropenem, imipenem e gentiamicina com uma percentagem de (37,5%), como na figura (4-7).

Ambas as espécies mostraram resistência aos antibióticos em estudo (cefoxitina, cefepima, ceftazidima, ceftriaxona, meropeno, imipenem, azteronam, piperaclina, ticarclina/clav, amicacina, gentamicina, tobramicina ciprofloxacina e levofloxacina) aproximadamente com as mesmas percentagens, o que pode dever-se ao facto de ambas as espécies utilizarem mecanismos semelhantes para resistir a estes antibióticos, sendo que *o Bcc* tem resistência intrínseca e é um dos organismos mais resistentes aos antimicrobianos encontrados. Por conseguinte, tem de ser corretamente identificada e diferenciada da *P. aeruginosa*, uma vez que *a Bcc* tem uma resistência intrínseca a agentes antimicrobianos como os aminoglicosídeos, as cefalosporinas de primeira e segunda geração, as penicilinas antipseudomonas e as polimixinas. Assim, a identificação correcta de *B. cepacia é extremamente importante* (Omar *et al.*, 2015).

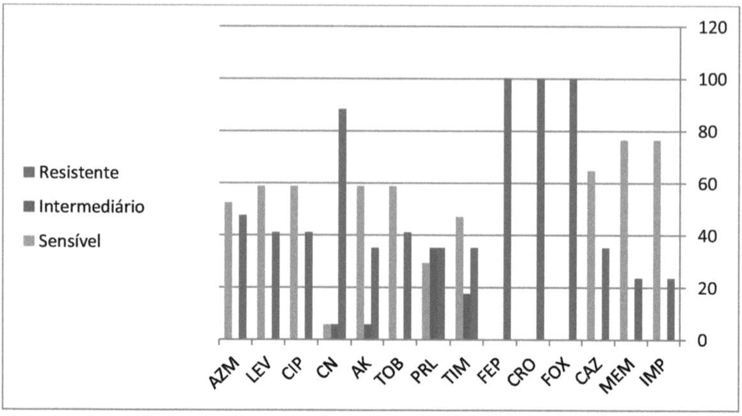

Figura 4- 6: Suscetibilidade dos isolados de *P. aeruginosa* aos antibióticos

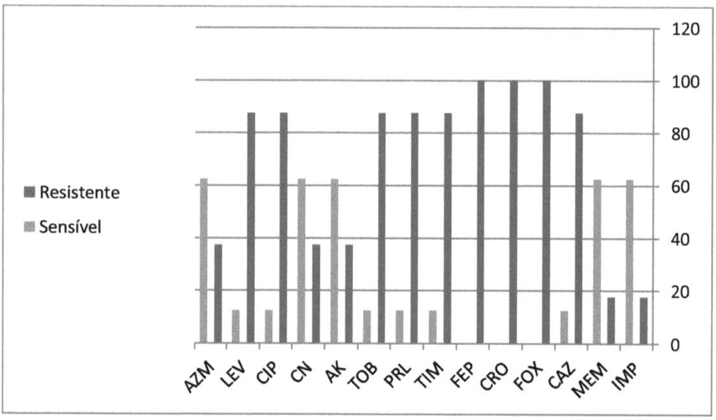

Figura 4- 7: Suscetibilidade dos isolados de *B. cepacia* aos antibióticos

Este facto corresponde aos resultados de (Rani *et al.*,2014 , Aasha *et al.*,2014), em que imepenam, cefaperazona + sulbactam, cefepime + tazobactam e piperacilina + tazobactam são referidos como os fármacos mais eficazes contra bacilos gram-negativos produtores de ESBL. 53,7% das bactérias eram produtoras de ESBL, sendo a produção mais elevada registada em *P. aeruginosa*. Este valor é semelhante ao de outros estudos em que 44,7-57,4 % são produtores de ESBL, Raja *et al.* (2007), mas significativamente inferior aos 80 % de formadores de ESBL encontrados por (Mamdouh e Saif, 2012). Um estudo efectuado por Bashir *et al.*, (2011) referiu que os isolados de *P. aeruginosa* apresentaram resistência ao imipenem com (13,4%).

Sivanmaliappan e Sevanan, (2011), referiram que as estirpes de *P. aeruginosa* apresentaram 100% de resistência à ampicilina e à norfloxacina, 83,3% de resistência à piperacilina, à ticarcilina e à tetraciclina, 66,6% de resistência à ceftazidima, ao imipenem, à gentamicina, à amicacina, à tobramicina e ao cotrimoxazol e 50,0% de resistência à cefoperazona. Outro estudo mostrou que *a P. aeruginosa* era resistente a todos os antibióticos utilizados e tinha 100% de sensibilidade à ciprofloxacina. No entanto, contradizendo os nossos resultados, mais de 25% dos isolados de *P. aeruginosa* no outro estudo são resistentes ao antibiótico Ciprofloxacina e 100% de *P. aeruginosa* são sensíveis à Amicacina (Alavi *et al.,* 2007).

Vários estudos testaram a suscetibilidade de *B. cepacia* a antibióticos, tendo todos concordado que este organismo era altamente resistente a múltiplos antibióticos. Gautam *et al.,* (2009) e Disbay *et al.*, (2009) referiram que os seus isolados de *B. cepacia* eram mais resistentes à ceftazidima, seguidos pela ciprofloxacina, depois pelo meropenem, co-trimoxazol e piperacilina-tazobactam. Comparando os resultados do nosso estudo com esses dois estudos, observámos que os nossos isolados eram mais sensíveis ao meropenem.

O complexo *B. cepacia* é agora adicionado à lista de agentes patogénicos nosocomiais que causam sérios problemas em ambientes clínicos devido à sua elevada transmissibilidade entre pacientes hospitalizados e à sua resistência múltipla aos medicamentos (Sousa *et al.,*2011). A produção de ESBL pode explicar a resistência em muitos dos isolados, mas alguns dos isolados resistentes não produziram ESBL. A produção de outras enzimas, como as β-lactamases AmpC, capazes de hidrolisar as cefalosporinas de espetro alargado (cefuroxima, cefotaxima, ceftriaxona, ceftazidima), pode ser a razão para a resistência em isolados não produtores de ESBL (Rice *et al.,*2003).

A resistência aos agentes β-lactâmicos é mais frequentemente mediada por β-lactamases cromossómicas ou bombas de efluxo constitutivamente expressas ou induzíveis (Tseng *et al.*,2014). A capacidade variável dos novos inibidores da β-lactamase para restaurar a atividade *in vitro* da ceftazidima pode estar relacionada com a prevalência relativa da resistência mediada pela β-lactamase versus a resistência mediada pelo efluxo em isolados clínicos do complexo *B. cepacia* (Mushtaq *et al.*, 2015). Menos frequentemente, a resistência é devida a β-lactamases mediadas por plasmídeos da classe TEM (cefalosporinases) ou a alterações nas proteínas de ligação à penicilina que conferem resistência à piperacilina. A resistência aos fármacos β-lactâmicos também pode ser aumentada *in vitro* por incubação em 5% de CO2, uma condição). A resistência intrínseca das estirpes do complexo *B. cepacia* aos aminoglicosídeos e à polimixina resulta da diminuição da ligação específica destes fármacos catiónicos ao lipopolissacárido, da redução da permeabilidade da membrana externa e das bombas de efluxo. Uma espécie específica, *B. vietnamiensis*, é suscetível aos aminoglicosídeos, mas resistente a outros antimicrobianos policatiónicos (Mushtaq *et al.*, 2015).

4.5.2. Resistência a múltiplos fármacos dos isolados de *P. aerginosae* e B. *cepacia*

Este estudo centrou-se na presença de resistência a múltiplos fármacos (MDR) nos isolados de *P. aeruginosa e B. cepacia.* O fenótipo multirresistente (MDR) foi definido para isolados que são resistentes a um mínimo de 3 classes de antibióticos. De acordo com a atual definição de MDR, 6/17 (35,3%), 7/8 (87,5%), respetivamente, dos isolados de *P. aeruginosa* e *B. cepacia* foram confirmados como MDR, *P. aeruginosa* e *B. cepacia* eram resistentes a sete classes de antibióticos, 3/17 (17,6%), 3/8 (37,5%), respetivamente, e os restantes isolados de outras classes de antibióticos eram resistentes a três classes de antibióticos.5%), respetivamente, e os restantes isolados eram resistentes a mais de três classes de antibióticos, sendo que ambas as bactérias isoladas eram 11/17 (64,7%); 1/8 (12,5%), respetivamente, dos isolados não eram MDR, como se pode ver na figura (4-8) e no quadro 4-4.

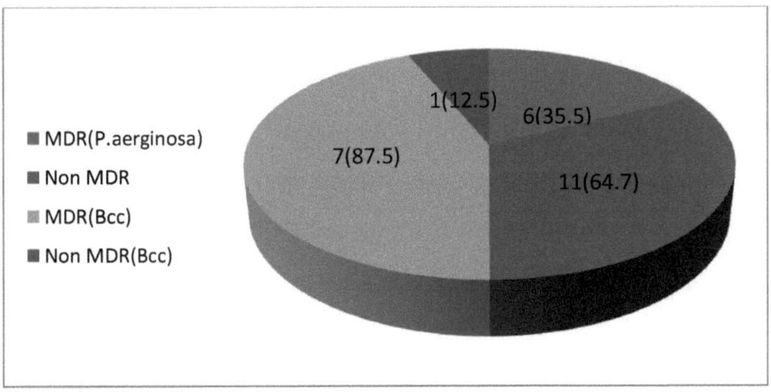

Figura (4-8): Isolados MDR de *P. aeruginosa* e *B. cepacia*

Tem-se registado um aumento mundial do pé diabético MDR causado por microrganismos resistentes a múltiplos agentes antimicrobianos. São vários os factores responsáveis, em particular a pressão de seleção exercida pela má utilização de agentes antimicrobianos, que resultou no aparecimento de microrganismos resistentes. A persistência de feridas crónicas é frequentemente causada por infecções bacterianas, em que os microrganismos invasores causam uma cicatrização significativamente prejudicada. Atualmente, sabe-se cada vez mais que as infecções nos seres humanos envolvem frequentemente biofilmes bacterianos, em que as bactérias formam microcolónias embebidas numa matriz extracelular protetora de polissacáridos. As bactérias que crescem em biofilmes maduros são muito difíceis de erradicar devido ao desenvolvimento de vários mecanismos de resistência (Hall e Collis.,2005). Shanker *et al.,*(2005), referiu que 44% dos isolados de *Pseudomonas* eram multirresistentes, enquanto que *a B. cepacia* era altamente resistente a múltiplos antibióticos, o que está de acordo com o estudo efectuado por Mukhopadhyay *et al.*,(2004).

Um dos agentes patogénicos mais comuns nas feridas crónicas é a *P. aeruginosa,* um micróbio muito problemático devido à sua capacidade de formar biofilmes resistentes. A bactéria produz vários factores de virulência que permitem o seu estabelecimento no tecido do hospedeiro, sendo uma substância importante o pigmento azul piocianina. Bacteremia por *B. cepacia* MDR presente num doente imunocompetente, que pode ter adquirido a infeção durante o seu internamento anterior, verificou-se que não havia epidemia de tais infecções em ambos os hospitais, conforme a tabela (4-4).

Tabela (4-4): Resistência a múltiplos fármacos dos isolados de *P. aerginosa* e *B. cepacia.*

Símbolo dos isolados	Resistência dos antibióticos	Classes de antibióticos resistentes *P.aerginosa*	N.º de classes resistentes
P4	CIP;LEV;PRL;TIM;AK;CN;TOB;CRO;FOX;FEP;	Floroquinonlonas,,Penicilinas, B-lactmase, Aminoglicosídeos, Cefalosporina	5(MDR)
P6,p10,p13	CIP;LEV;PRL;TIM;AK;CN;TOB;CRO;FOX;FEP;IMP;MEM;ATM;CAZ.	Floroquinonlonas, Penicilinas, B-lactmase, Aminoglicosídeos, Cefalosporina,	7(XDR)

		Monobactâmicos, Carbapenemes,	
P12	CIP;LEV;PRL;TIM;AK;CN;TOB;CRO;FOX;FEP;CAZ;ATM.	Floroquinonlonas, Penicilinas, B-lactmase, Aminoglicosídeos, Cefalosporina, Monobactâmicos.	6(MDR)
P9	CIP;LEV;PRL;TIM;CRO;FOX;FEP;ATM.	Floroquinonlonas,,Penicilinas, B-lactmase, monobactâmicos, Cefalosporina	5(MDR)
	B. cepacia		
B1,2,3	CIP;LEV;PRL;TIM;;TOB;CRO;FOX;FEP;CAZ.	Floroquinonlonas,,Penicilinas, B-lactmase, Aminoglicosídeos, Cefalosporina.	5(MDR)
B4	CIP;LEV;PRL;TIM;;TOB;CRO;FOX;FEP;AK;CAZ;ATM.	Floroquinonlonas, Penicilinas, B-lactmase, Aminoglicosídeos, Cefalosporina.	6(MDR)
B6,7,8	CIP;LEV;PRL;TIM;AK;CN;TOB;CRO;FOX;FEP;IMP;MEM ;ATM;CAZ.	Floroquinonlonas, Penicilinas, B-lactmase, Aminoglicosídeos, Cefalosporina, Monobactâmicos, Carbapenemes.	7 (XDR)

A B. cepacia é intrinsecamente resistente às cefalosporinas de primeira e segunda geração, aos aminoglicosídeos, às penicilinas antipseudomonais e às polimixinas devido à alteração da barreira de permeabilidade da membrana externa (OMP) e às bombas de efluxo. A resistência adquirida é obtida através da produção de- β-lactamases e de enzimas modificadoras que não as- β-lactamases (Avgeri *et al.*,2009).

O aumento de isolados MDR no presente estudo pode ser o resultado da utilização descontrolada de antibióticos em medicina nos últimos anos. A utilização descuidada de antibióticos, sem a realização de testes de sensibilidade aos antibióticos, é o fator mais importante que promove a emergência de MDR, o que causa a seleção e a disseminação de agentes patogénicos resistentes aos antibióticos na medicina clínica. O aumento da resistência aos antibióticos pode dever-se à falta de uma política adequada de utilização de antibióticos e à transferência de genes de resistência através de ferramentas de transporte como plasmídeos, bacteriófagos e integrões (Hall e Collis, 2005).

4.5.3. Deteção fenotípica de isolados produtores de β-lactamases de espetro alargado (ESBLs).

De acordo com o CLSI (2018), um resultado positivo do rastreio inicial foi seguido de um teste de confirmação fenotípica pelo método de aproximação do disco.

Os resultados revelaram que 10 (58,8%) dos isolados de *P. aeruginosa* e 3 (37,5%) de *B. cepacia* foram negativos para ESBL durante o teste de confirmação fenotípica e 7 (29,4%) dos isolados de *P. aeruginosa* e 5 (87,5%) de *B. cepacia* foram positivos.

Tabela (4-5): Número e percentagem de isolados produzidos por ESBLs.

Isolados bacterianos	N.º de isolados testados	N.º de isolados produzidos por ESBLs	%
B. cepacia	8	7	87.5%
P.aeruginosa	17	5	29.4%

Uma vez que um dos mecanismos de resistência bacteriana aos antibióticos β-lactâmicos é a produção da enzima β-lactamase que decompõe o anel estrutural β-lactâmico da penicilina e dos seus derivados sintéticos. A propriedade de estabilidade a muitas β-lactamases bacterianas foi aumentada com a geração posterior de cefalosporinas. A produção de ESBL tem-se tornado cada vez mais comum numa variedade de bacilos entéricos, bem como em bacilos não entéricos, por exemplo, *P. aeruginosa* (Dalela, 2012). A infeção devida a um organismo produtor de ESBL pode causar o fracasso do tratamento, se for utilizada uma das classes de medicamentos acima referidas (Coque *et al.*, 2008). As beta-lactamases de espetro alargado (ESBL) são enzimas que medeiam a resistência às cefalosporinas de espetro alargado (ceftazidima, cefotaxima e ceftriaxona) e aos monobactâmicos como o aztreonam, mas não afectam as cefamicinas. Os plasmídeos responsáveis pela produção de ESBL tendem a ser grandes (80 Kb) e são portadores de resistência a vários antimicrobianos, nomeadamente aminoglicosídeos, fluoroquinolonas, tetraciclinas, cloranfenicol e trimetoprim-sulfametoxazol. Este facto confere uma limitação importante na conceção de alternativas de tratamento (Dalela, 2012).

Além disso, as bactérias produtoras de ESBL estão tipicamente associadas à multirresistência e a escolha de antibacterianos é frequentemente complicada pela multirresistência. Assim, a infeção causada por bactérias produtoras de ESBL pode resultar num insucesso evitável do tratamento e num aumento dos custos em doentes que receberam um tratamento antibiótico inadequado (Ahmed e Salam., 2002). Um estudo efectuado por Aggarwal *et al.*,(2008) mostrou que a percentagem de isolados de *P. aeruginosa* produzidos era de 20,27% e que todos os produtores de ESBLs eram multirresistentes (MDR). Vários factores estão envolvidos na multirresistência de *P. aeruginosa*, entre os quais a alteração da permeabilidade da membrana, os plasmídeos e os integrões são importantes (Goudarzil *et al.,* 2016).

Peshattiwar e Peerapur, (2011) mencionaram que, entre cento e vinte e seis isolados de *P. aeruginosa*, vinte e oito (22,2%) eram produtores de ESBL, um total de sessenta e sete isolados apresentaram resistência à ceftazidima, dos quais vinte e oito (41,79%) eram produtores de ESBL. A resistência bacteriana é causada por mutações genéticas cromossómicas ou pela aquisição de pedaços de ADN extracromossómico que podem ser disseminados pelas populações bacterianas do mundo através do mecanismo de transferência horizontal, mediado por elementos genéticos móveis (Goudarzi1 *et al.*, 2016). Os elementos genéticos móveis facilitam a transferência horizontal de genes de resistência e levam à disseminação de genes de resistência a antibióticos. No entanto, recentemente, verificou-se que, para além dos plasmídeos e transposões, a disseminação de MDR entre bactérias Gram-negativas, especialmente em *P. aeruginosa* e *B. cepacia,* está associada a integrões.

A resistência aos antibióticos β-lactâmicos é uma preocupação considerável para o sistema de saúde; são fármacos importantes de escolha para o tratamento de infecções por *P. aeruginosa*. Os resultados do nosso estudo demonstraram uma taxa de resistência notavelmente elevada aos antibióticos β-lactâmicos, o que está de acordo com os resultados de estudos anteriores (Laurent *et al*., 2001). As elevadas taxas de resistência observadas no presente estudo em relação aos antibióticos β-lactâmicos podem ser explicadas pela produção de enzimas β-lactamases de espetro alargado (ESBL) codificadas por plasmídeos, que se encontram maioritariamente localizadas em estruturas integrónicas. Globalmente, os principais mecanismos de resistência que foram descritos em isolados clínicos de *P. aeruginosa* e *B. cepacia* para as três classes principais (β-lactâmicos, aminoglicosídeos e fluoroquinolonas) são alterações de permeabilidade, enzimas inactivadoras de antibióticos, modificações do alvo (mutações na topoisomerase, metilação ribossómica) e enzimas modificadoras de aminoglicosídeos.

4.6. Estudo molecular

4.6.1. Extração de ADN genómico e plasmídico

O ADN genómico e plasmídico foi extraído com êxito de isolados de *P. aeruginosa* e *B. cepacia através* do método de ebulição. A concentração e a pureza do ADN extraído foram determinadas diretamente por espetrofotometria, tendo a pureza do ADN extraído variado entre (1,8-2). O ADN extraído foi confirmado e analisado por eletroforese em gel.

4.6.2 Identificação molecular da resistência a medicamentos antimicrobianos de *P. aeruginosa* e *B. cepacia*

4.6.2.1. gene *blaOXA*

Os resultados mostraram que o gene de resistência *blaOXA* foi detectado em 8/17(47%) isolados de *P. aeruginosa* e 6/8(75%) de *B. cepacia*, como na figura (4-9), (4-10) respetivamente.

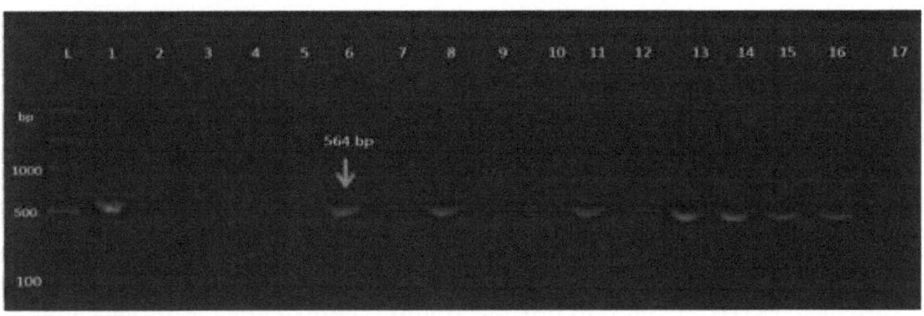

Figura (4-9): Produtos de amplificação por PCR de isolados de *P. aeruginosa* que amplificaram com primers do gene *blaOXA* com produto de 564 pb. Pista (L), marcador do tamanho molecular do ADN (escada de 100 pb), Pistas (1,6,8,11,13,14,15,16) mostram resultados positivos com blaOXA

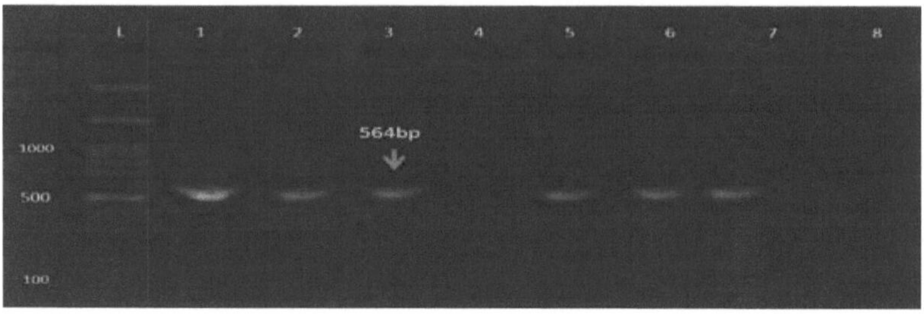

Figura (4-10): Produtos de amplificação por PCR de isolados de *B. cepacia* que amplificaram com primers do gene *blaOXA* com um produto de 564 pb. Pista (L), marcador do tamanho molecular do ADN (escada de 100 pb), Pistas (1,2,3,5,6,7) mostram resultados positivos com o gene *blaOXA*.

As carbapenemases são o principal mecanismo pelo qual ocorre a resistência aos carbapenemes e pertencem a três das quatro classes de β-lactamases A, B e D. As carbapenemases da classe D são as OXA-β-lactamases, subdivididas em vários subgrupos, principalmente blaOXA-23, blaOXA-24/40, blaOXA-58, blaOXA-48, blaOXA-51 e blaOXA-143. Estas β-lactamases do tipo OXA ocorrem amplamente em *P. aeruginosa*, sendo a mais abundante a blaOXA-51, que é codificada cromossomicamente e, por conseguinte, intrínseca a estas espécies, mas pode conferir resistência aos carbapenemes quando a sua expressão é regulada positivamente por reorganização genética (Antunes *et al.*, 2014). As carbapenemases de classe B são também conhecidas como metalo-β-lactamases (MBLs), são maioritariamente codificadas por cassetes de genes móveis suportados por integrões e, por conseguinte, são transferíveis entre várias bactérias através de mecanismos de transferência horizontal de genes, nomeadamente a conjugação. As carbapenemases de classe A incluem a família da carbapenemase de *K. pneumoniae* (KPC) que pode ser codificada por plasmídeo ou cromossómica (Manenzhe *et al.*,2015).

4.6.2.2. *gene blaIMP*

O resultado foi negativo em relação ao gene *blaIMP* dos isolados de *P. aerginosa* e *B. cepacia*. Com base em relatórios recentes, existem duas famílias principais de metalo- β-lactamases importadas, IMP e VIM, que são transportadas em cassetes de genes móveis inseridos em integrões (Walsh *et al.*,2005). As metalo-β-lactamases hidrolisam a maioria dos antibióticos β-lactâmicos, exceto o aztreonam. Muitos agentes patogénicos que produzem estas enzimas em níveis elevados são resistentes à maioria dos antibióticos β-lactâmicos, incluindo os carbapenemes. O primeiro relato de uma metalo- β-lactamase importada descreveu um isolado de *P. aeruginosa* obtido de um doente japonês em 1988. Desde então, a ocorrência de elementos genéticos móveis que codificam metalo- β-lactamases estendeu-se para além de *P. aeruginosa*, incluindo muitos tipos de organismos gram-negativos distribuídos por todo o mundo (Walsh *et al.*,2005).

4.6.2.3. gene *blaKPC*

Todos os isolados de *P. aeruginosa* e *B. cepacia* apresentam resultados negativos relativamente ao gene *blaKPC*. Os genes *blaKPC* que codificam KPCs estão presentes em plasmídeos transferíveis e são flanqueados por elementos transponíveis, permitindo assim que o gene se desloque do plasmídeo para o cromossoma bacteriano e vice-versa (Nagaraj *et al.*,2011). A enzima KPC confere resistência a todos os agentes β-lactâmicos, incluindo penicilinas, cefalosporinas, monobactâmicos e carbapenemes. O gene *blaKPC* não foi detectado em isolados positivos. Isto indica a presença de uma carbapenemase que não a KP Carbapenemase. A resistência tanto ao imipenem como ao meropenem é um forte indicador da produção de carbapenemase e não da resistência a qualquer um dos carbapenemes, uma vez que tal pode implicar um mecanismo de resistência diferente (Francis *et al.*,2012).

4.6.2.4. *Gene blaCTX-M*

Os resultados mostraram que o gene de resistência blaCTX-M foi detectado em 10/17(58,8%) isolados de *P. aerginosa* e 6/8(75%) de *B. cepacia*, como na figura (4-11, 4-12), respetivamente.

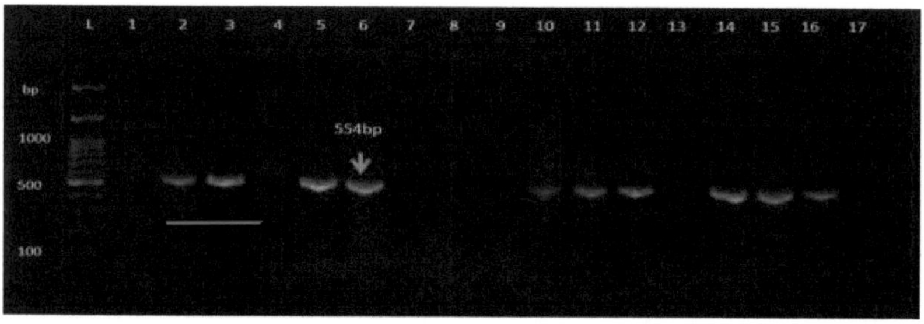

Figura (4-11): Produtos de amplificação por PCR de isolados de *P. aeruginosa* que amplificaram com primers do gene *blaCTX-M* com um produto de 554 pb. Pista (L), marcador do tamanho molecular do ADN (escada de 100 pb), Pistas (2,3,5,6,10,11,12,13,15,16,17) mostram resultados positivos com o gene *blaCTX-M*.

As ESBLs são uma das principais causas de resistência aos antibióticos ß-lactâmicos entre as bactérias Gram-negativas. Estas enzimas são β-lactamases codificadas por plasmídeos que medeiam a resistência às penicilinas e às cefalosporinas de primeira, segunda e terceira geração, como a cefotaxima, a ceftriaxona e a ceftazidima. TEM, SHV e CTX-M são os principais grupos genéticos de ESBLs entre as bactérias Gram-negativas clinicamente importantes (Adeyankinnu *et al.*, 2014).

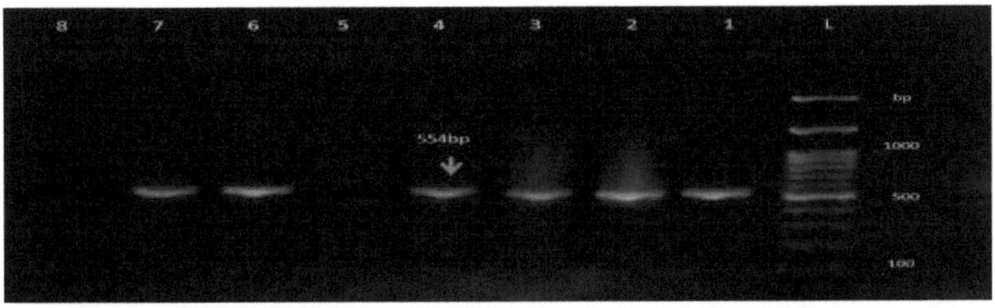

Figura (4-12): Produtos de amplificação por PCR de isolados de *B. cepacia* que amplificaram com primers do gene *blaCTX-M* com um produto de 554 pb. Pista (L), marcador do tamanho molecular do ADN (escada de 100 pb), Pistas (1,2,3,4,6,7) mostram resultados positivos com o gene *blaCTX-M.*

Estas enzimas são mais frequentemente encontradas em *K. pneumoniae* e *E. coli* e também são observadas noutros isolados clínicos de Enterobacteriaceae e *Pseudomonas* (Adeyankinnu *et al.*,2014). A primeira β-lactamase do tipo TEM, produzida por uma estirpe clínica de E. coli, foi registada em 1965. As ESBLs do tipo TEM são derivadas de TEM-1 e TEM-2. As ESBL do tipo SHV podem ser encontradas em isolados clínicos com mais frequência do que quaisquer outros tipos de ESBL e foram registadas em vários países da Europa, como a Áustria, a França, a Itália e a Grécia, bem como nos Estados Unidos e na Austrália. As ESBLs do tipo CTX-M desenvolveram-se a partir de TEM e SHV e podem ser divididas em cinco subgrupos de acordo com as suas semelhanças de sequência de aminoácidos, incluindo CTX-M-I, CTX-M-II, CTX-M-III, CTX-M-IV e CTX-M-V (Roschanski *et al.*,2014).

Tabela 4-6: prevalência de genes entre os isolados produzidos por ESBLs.

Genes	*B. cepacia* (n=8)		*P. aeruginosa* (n=17)	
	N.º de isolados	%	N.º de isolados positivos	%
bla $_{CTX-M}$	6	75	10	58.8
bla $_{KPC}$	0	0	0	0

bla $_{IMP}$	0	0	0	0
bla $_{OXA}$	6	75	8	47.1

4.7. Deteção molecular do gene do integrão de classe 1

Os integrões são elementos genéticos móveis que podem ser importantes na disseminação e acumulação de genes de resistência em bactérias, normalmente localizados em transposões ou plasmídeos conjugativos (Mazel, 2006). O resultado mostrou que o gene do integrão foi detectado em 16/17(94,1%) isolados de *P. aerginosa* e 3/8(37,5%) de *B. cepacia*, como na figura (4-13, 4-14) .

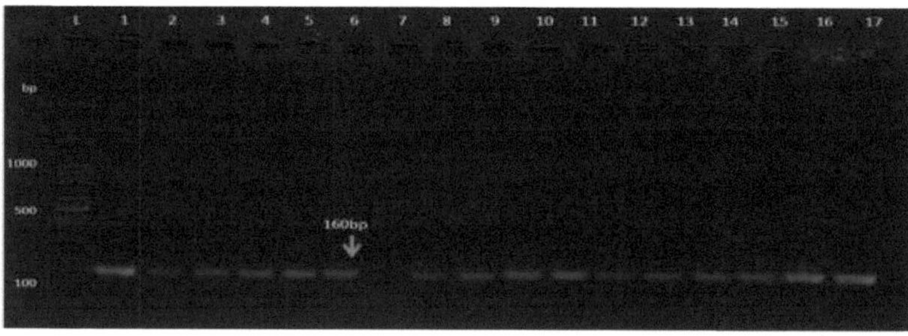

Figura (4-13): Produtos de amplificação por PCR de isolados de *P. aeruginosa* que amplificaram com primers do gene *intI1* com produto de 160 pb. Pista (L), marcador do tamanho molecular do ADN (escada de 100 pb), Pistas (1-6)(8-17) mostram resultados positivos com o gene *intI1*

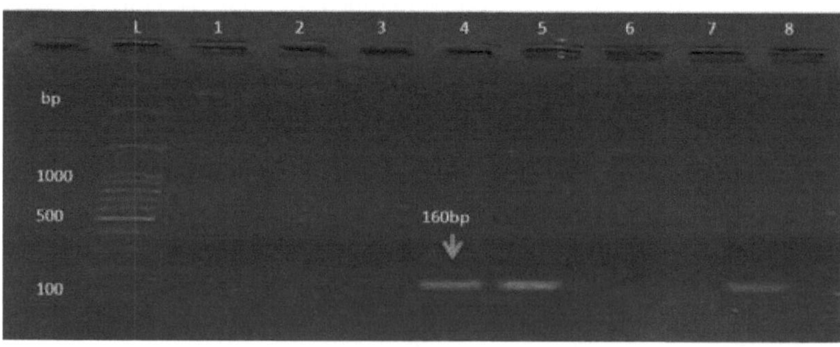

Figura (4-14): Produtos de amplificação por PCR de isolados de *B. cepacia* que amplificaram com primers do gene *intI1* com produto de 160 pb. Pista (L),

marcador do tamanho molecular do ADN (escada de 100 pb), Pistas (4,5,8) mostram resultados positivos com o *gene intI1* .

Os integrões de classe 1 são os mais comuns e amplamente distribuídos entre as bactérias Gram-negativas isoladas de amostras clínicas e estão frequentemente associados à transferência lateral de genes de resistência antibacteriana (Al-Sanouri *et al.*, 2008; Fatemeh *et al.*, 2012). Entre as β-lactamases de espetro expandido em *P. aeruginosa*, foram caracterizadas algumas β-lactamases de carbapenem-hidrolisantes de classe B de Ambler, incluindo IMP, VIM, Os quatro genes de metaloenzimas que codificam as β-lactamases VIM e IMP fazem parte de uma cassete de genes que está localizada em integrões de classe 1 (Fatemeh *et al.*, 2012). Os integrões são capazes de integrar ou mobilizar cassetes de genes individuais através de um mecanismo de recombinação específico do local que envolve uma integrase de ADN IntI e dois tipos de locais de recombinação, verificou-se uma associação significativa entre a resistência à cefotaxima, amicacina, ofloxacina, imipenem, ticarcilina, gentamicina e a presença de integrões (Laurent *et al.*,2001).

Estes dados mostraram que a presença de integrão está significativamente associada à resistência aos antibióticos gentamicina, ticarcilina, imipenem, amicacina, cefotaxima e ofloxacina. Além disso, as estirpes integrão positivas eram resistentes à cefepima e à ceftazidima, mas não houve uma associação significativa entre a presença de integrões e a resistência a estes dois antibióticos (Fatemeh, *et al*,2012). O resultado revelou o papel do integrão de *B. cepacia* na resistência ao sulfametoxazol, ao cloranfenicol e aos aminoglicosídeos, tal como nos genes, Tseng *et al.*, (2014) descobriram que dezassete (25,8%) isolados albergavam integrão de classe 1 com várias combinações de resistência. Em *P. aeruginosa*, o integrão de classe I era mais prevalente do que outros integrões e o gene da integrase era provavelmente uma das causas da resistência múltipla aos antibióticos. Num estudo realizado por Yosefi (2010), a prevalência do gene integrão I foi registada em 56,3%, enquanto Fonseca (2005) registou 41,5% e China (2009) registou 38% entre os isolados. Este estudo investigou a frequência de integrões como um marcador de resistência a antibióticos e MDR em isolados de *P. aeruginosa* e *B. cepacia*.

A B. cepacia é um agente patogénico oportunista capaz de colonizar a pele e expressa integrões que se encontram disseminados nas populações bacterianas e favorecem a aquisição de cassetes de genes que codificam para conferir resistência a alguns aminoglicosídeos (Linda *et al.*,2010). O estudo de Anthoer também encontrou uma relação significativa entre integrões e resistência a antibióticos, o que reflecte que outros veículos de aquisição e disseminação de genes de resistência (plasmídeos e transposões conjugativos) e alguns outros mecanismos (formação de biofilme, regulação positiva de bombas de efluxo de múltiplos fármacos, modificações do alvo e alterações da permeabilidade da membrana externa) também podem ser eficazes (Genessung *et al.*,2014).

No nosso estudo, alguns isolados também apresentavam um padrão de resistência múltipla, mas não eram portadores de integrões. Esta resistência pode ter resultado de mutação cromossómica, aquisição de plasmídeos ou da presença de outros tipos de integrões. A elevada frequência de integrões entre os nossos isolados demonstrou que estes desempenham um papel importante na resistência a múltiplos fármacos de *P. aeruginosa* e *B. cepacia,* facilitando a propagação da resistência a medicamentos antimicrobianos (Genessung *et al.*, 2014; Parvin *et al.*, 2015).

Conclusão e recomendação

Conclusão

1. A elevada frequência de recolha de espécimes de doentes infectados com úlcera do pé diabético isolados G-ve é superior a G +ve .

2. O sexo masculino é mais frequente do que o feminino e, de acordo com a distribuição etária dos espécimes, verifica-se que a frequência mais elevada foi de 39,1% na faixa etária dos 51-60 anos.

3. A libertação de muitos factores de virulência, como o biofilme e a adesão, foi considerada como um importante agente causal relacionado com a resistência aos antibióticos.

4. Os resultados do presente estudo revelaram que a maioria dos isolados estudados que eram MDR, tinham resistência a múltiplos antibióticos e estavam geralmente separados de infecções clínicas importantes de DFU.

5. Avaliação fenotípica e genotípica da resistência aos antibióticos *P.aeruginosa e B. cepacia* aos antibióticos cefoxitina e cefepima e a presença dos genes blaCTX-M *e blaOXA.*

6. A maioria das amostras isoladas de infecções clínicas apresentava classe *I*, sendo os integrons um dos importantes mecanismos de aquisição e disseminação de mecanismos de resistência a antibióticos em *P. aeruginosa e B. cepacia.*

Recomendação:

1. Nos hospitais públicos, é essencial utilizar práticas de gestão para otimizar o uso e a administração correcta de antibióticos, de preferência com base nos resultados do antibiograma e no rastreio dos genes codificadores da resistência aos antibióticos.

2. São necessários mais estudos para determinar os tipos de cassetes de genes nestes integrões.

3. O estudo dos biofilmes microbianos está a avançar em muitas frentes, com particular ênfase na elucidação dos genes especificamente expressos pelos organismos associados aos biofilmes, na avaliação de várias estratégias de controlo para prevenir ou remediar a colonização de dispositivos médicos por biofilmes.

Referências

Referências

Aasha H, Kairavi JD, Ravindra J, *et al* (2014). Um estudo de bactérias aeróbias e anaeróbias na úlcera do pé diabético e sensibilidade in vitro do agente antimicrobiano. Int J Med Sci Saúde Pública;3(7):818-21.

Abdallah, M.; Benoliel, C.; Drider, D.; Dhulster, P.; Chihib, N.E. (2014). Formação e persistência de biofilme em superfícies abióticas no contexto de ambientes alimentares e médicos. *Arch. Microbiol*, *196*, 453-472.

Adam Baldwin, Eshwar Mahenthiralingam,† Pavel Drevinek, *et al.*,(2007) .vironmental *Burkholderia cepacia* Complex Isolates in Human nfectionsEmerging Infectious Diseases - www.cdc.gov/eid - Vol. 13, No. 3, March.

Adeyankinnu FA, Motayo BO, Akinduti A, Akinbo J, Ogiogwa JI, Aboderin BW, Agunlejika RA.(2014). Um estudo multicêntrico de Escherichia coli e Klebsiella pneumoniae resistentes à beta-lactamase revela um elevado nível de resistência à β-lactamase de espetro alargado mediada por cromossomas no estado de Ogun, Nigéria.

Aggarwal, R.; Chaudhary, U.e Bala,K.(2008).Deteção de β-lactamases de espetro alargado em *Pseudomonas aeruginosa* .Indian Journal of Pathology and Microbiology .51:222-224.

Ahmed, I. e Salam, A. (2002). Extended Spectrum Beta-Lactamases and Bacterial Resistance (Beta-Lactamases de espetro alargado e resistência bacteriana). Pakistan Med Sci; 18: 151-5.

Alavi, S. M., Khosravi, A. D., Sarami, A., Dashtebozorg, A., & Montazeri, E. A. (2007). Estudo bacteriológico da úlcera do pé diabético. Foot, 23(5), 681-4.

Al-Sanouri, T. M.; Paglietti, B.; Haddadin, A.; Murgia, M.; Bacciu, D., Youssef; M. e Rubino, S. (2008). Emergência de resistência a múltiplos fármacos mediada por plasmídeos em estirpes epidémicas e não epidémicas de *Salmonella Enterica Serotype Typhi* da Jordânia. J. Infect. Dev. Ctries, 2, 295-301.

Al-Sehlawi, Z.S.R. (2012). Ocorrência e Caracterização de Ampc Beta-Lactamases em *Klebsiella Pneumoniae* Isoladas de Hospitais de Najaf. Tese de doutoramento. Faculdade de Ciências, Universidade da Babilónia, Iraque.

Altrichter Loan C, Legout L, Assal M, Rohner P, Hoffmeyer P, Bernard L. (2005) Infeção grave do pé diabético por Streptococcus agalavtiae. Presse Med.;34:491-4. [Em francês, resumo em inglês].

Alvarez-Ortega, C.; Wiegand, I.; Olivares, J.; Hancock, R.E.; Martínez, J.L.(2011). O resistoma intrínseco de *Pseudomonas aeruginosa* aos β-lactâmicos. Virulence , 2, 144-146.

Amin Omar 1, J. BarryWright 2, Gregory Schultz 3, Robert Burrell 4, e Patricia Nadworny(2017).Microbial Biofilms and Chronic WoundsMicroorganisms; 5, 9.

Andreu, A.; Sapleton, A.E.; Fennell, C.L.; Hillier, S.L.; e Stamm, W.E. (1995).Hemaglutinação, Adesão e Propriedades de Superfície de Espécies *de Lactobacilos* Vaginais. J. Infect. Dis. Rev., 29(3):511-529.

Andrews, J. H. (2017). Variação genética. Em *Comparative Ecology of Microorganisms and Macroorganisms* (*Ecologia Comparativa de Microrganismos e Macrorganismos*) (pp. 25-68). Springer, Nova Iorque, NY.

Antunes NT, Lamoureaux TL, Toth M, Stewart NK, Frase H, Vakulenko SB.(2014). Classe D ??-Lactamases: São Todas Carbapenemases? Antimicrob Agents Chemother. 58(4):2119-25.

Ashok D.(2011). Porque é que as úlceras do pé diabético não cicatrizam? JIMSA. Out-Dez;24(4):205.

Avgeri SG, Matthaiou DK, Dimopoulos G, Grammatikos AP, Falagas ME.(2009) Therapeutic options for Burkholderia cepacia infections beyond -cotrimoxazole: Uma revisão sistemática das provas clínicas. Int J Antimicrob Agents;33:394404-.

Baldwin A, Mahenthiralingam E, Thickett KM, Honeybourne D, Maiden MC, Govan JR, *et al.* (2005). Esquema de tipagem de sequências multi-locus que permite a diferenciação de espécies e estirpes para o complexo *Burkholderia cepacia.* J Clin Microbiol;43: 4665-73.

Baldwin, A., Mahenthiralingam, E., Drevinek, P., Vandamme, P., Govan, J. R., Waine, D. J., ... & Speert, D. P. (2007). Isolados ambientais do complexo *Burkholderia cepacia* de infecções humanas. *Doenças infecciosas emergentes*, *13*(3), 458.

Banerjee, G., & Ray, A. K. (2016). A linguagem falante em algumas das principais bactérias Gram-negativas. *Arquivos de microbiologia*, *198*(6), 489-499.

Bansal E, Garg A, Bhatia S, Attri A, Chander J.(2008). Spectrum of microbial flora in diabetic foot ulcers. Indian J Pathol Microbiol; 51:204-208.

Banu A, Noorul Hassan MM, Rajkumar J, *et al*(2015). Estudo prospetivo de bactérias multirresistentes que causam úlceras do pé diabético no sul da Índia. Journal of Science; 5(8):626-9.

Bartlett, J. S. e Stirling D.(1998). Protocolos de PCR: Methods in Molecular and Biology. 2th. Humana Press Inc. Totowa. NJ.

Bashir ,D.; Thokar ,M.A.; Fomda ,B.A.; Bashir ,G.; Zahoor ,D.; Shabir Ahmad ,A. e Toboli ,A.S. (2011). Deteção de *Pseudomonas aeruginosa* produtora de metalo-beta-lactamases (MBL) num hospital de cuidados terciários em Caxemira. Jornal Africano de Investigação Microbiológica .5: 164-172.

Batchoun, R.G.; Swedan, S.F. e Shurman, A.M. (2009). β-lactamases de espetro alargado entre isolados bacterianos Gram-negativos de espécimes clínicos em três hospitais principais no norte da Jordânia. International J. of Microbiol. Res. Artigo, ID 513874.

Bayer, A.S.; Schneider, T.; Sahl, H.G.(2013).Mecanismos de resistência à daptomicina em *Staphylococcus aureus*: Papel da membrana celular e da parede celular. *Ann. N. Y. Acad.Sci.*, *1277*, 139 158.

Baylay, A. J., Piddock, L. J., & Webber, M. A. (2019). Mecanismos moleculares de resistência a *antibióticos* - Parte I. *Resistência bacteriana a antibióticos - das moléculas ao homem*, 1-26.

Berne, C., Ellison, C. K., Ducret, A., & Brun, Y. V. (2018). Adesão bacteriana ao nível de uma única célula. *Nature Reviews Microbiology*, *16*(10), 616-627.

Bonomo, R. A. (2017). β-Lactamases: um foco nos desafios atuais. *Perspectivas de Cold Spring Harbor em medicina*, *7*(1), a025239.

Bose, S.; khodke, M.;Basak, S. e Mallick, S. K.(2009).Deteção de estafilococos produtores de biofilme: necessidade do momento.*J. of Clinical* and Diagnostic Res.3:1915-1920.

Brackman, G.; Cos, P.; Maes, L.; Nelis, H.J.; Coenye, T. (2011).Os inibidores de deteção de quórum aumentam a suscetibilidade dos biofilmes bacterianos aos antibióticos in vitro e in vivo. Antimicrob. Agents Chemother, 55, 2655-2661.

Bradford,P.A.;Bratus,s.;Urban,C.;Visalli,M.andMariano,N.(2004).Emergência de espécies de Klebsiella resistentes aos carbapenemes que possuem as β-lactamases de classe A KPC-2 hidrolisante de carbapenemes e TEM30 resistente a inibidores na cidade de Nova Iorque. Clin. infectious Dis.,39:55-60.

Brooks, G. F.; Butel, J. S.; Carroll, K. C. e Morse, S.A. (2007). Jawetz, Melnick & Adelberg's medical microbiology. 24ª edição. McGraw-Hill, Nova Iorque. U.S.A.

Brooks, G. F.; Butel, J. S.; Carroll, K. C. e Morse, S.A. (2007). Jawetz, Melnick & Adelberg's medical microbiology. 24ª edição. McGraw-Hill, Nova Iorque. U.S.A.

C. Mukhopadhyay, A. Bhargava, A. Ayyagari .(2004). Duas novas apresentações clínicas da infeção por *Burkholderia* cepaciaJ Clin Microbiol, 42,pp. 3904-3905.

Caraher E, Reynolds G, Murphy P, McClean S, Callaghan M (2006) Comparação da suscetibilidade aos antibióticos de organismos do complexo Burkholderia cepacia quando cultivados em plâncton ou em biofilme in vitro. Eur J Clin Microbiol Infect Dis 26: 213-216.

Caraher E, Reynolds G, Murphy P, McClean S, Callaghan M.(2007). Comparação da suscetibilidade a antibióticos de organismos do complexo Burkholderia cepacia quando cultivados em plâncton ou como biofilme in vitro. Eur J Clin Microbiol Infect Dis ;26:213-6. [PubMed] .

Carette, J., Nachtergael, A., Duez, P., El Jaziri, M., & Rasamiravaka, T. (2020). Compostos naturais que inibem a formação de biofilme de Pseudomonas aeruginosa visando o circuito de deteção de quorum. Em *Biofilmes Bacterianos*. IntechOpen.

Centros de Controlo de Doenças (2014). Recurso de Saúde Pública para a Diabetes. Atlanta: Centros de Controlo de Doenças.

Chantratita, N., Rholl, D. A., Sim, B., Wuthiekanun, V., Limmathurotsakul, D., Amornchai, P., ... & Day, N. P. (2011). Resistência antimicrobiana à ceftazidima envolvendo a perda da proteína de ligação à penicilina 3 em *Burkholderia pseudomallei*. *Actas da Academia Nacional de Ciências*, *108*(41), 17165-17170.

Chessbrough, M. (2010). District Laboratory Practice in Tropical Countries, Part-2, Nova Iorque, EUA, Universidade de Cambridge, : 184-186.

Christensen, G. P.; Simpson, W.A.; Younger, JJ.;Baddour, L.M.;Barrett, Melton, D.M. and Beachey, E.H.(1985).Adherence of Coagulase - Negative *Staphylococci* to Plastic .Tissue Culture Plates Aquantitative Model for the Adherence of *Staphylococci* to Medical Derices J. Clin. Microbiol 22,996-1006.

Collee, J. G.; Fraser, A. G. ; Marmion B. P. e Simmon A. (1996) . Pactical Medical Microbiology . 14th Ed . Churchill Living Stone , EUA Collins, C.H. e Lyne, P.M.. Microbiological Methods. 14th Ed., Butterworth and Co. (Pubilisher).

Coque, TM.; Baquero, F. e Canton R .(2008). Aumento da prevalência de *Enterobacteriaceae* produtoras de ESBL na Europa. Euro Surveill. 13(47):1-11.

Corrêa, F.E.L.; da Silva Dantas, F.G.; Grisolia, A.B.; do Amaral Crispim, B.; Oliveira,K.M.P.(2014). Identificação de integrons de classe 1 e 2 de isolados clínicos e ambientais de Salmonella. J. Infect. Dev. Ctries., 8, 1518-1524.

Dalela, G. (2012). Prevalência de produtores de beta-lactamase de espetro alargado (ESBL) entre bacilos Gram-negativos de vários isolados clínicos num hospital de cuidados terciários em Jhalawar, Rajasthan, Índia. Journal of Clinical and Diagnostic Research, 6(2): 182-1.

Dallenne,C.,Dacosta,A.;Decre,D.;Favier,C.andArlet,G.(2010). Desenvolvimento de um conjunto de ensaios de PCR Multiplex para a deteção de genes que codificam β -lactamases importantes em Enterobacteriaceae .J.ANTImicrob.Chemother.,65:490-495.

DanceD.(2014).Tratamento e profilaxia da melioidose.Intj Antimicrob Agents.43:310-318.

DaRe, S.; Gonzalez-Zorn, B.; Barbé, J.; Ploy, M.C.; Mazel, D.(2009).The SOS response controls integron recombination. Science, 324, 1034-1034.

Das, T., Manoharan, A., Whiteley, G., Glasbey, T., & Manos, J. (2020). Biofilmes e infecções de Pseudomonas aeruginosa: Papéis de moléculas extracelulares. Em *Novos e futuros desenvolvimentos em biotecnologia microbiana e bioengenharia: Microbial Biofilms* (pp. 29-46). Elsevier.

Deligianni, E.; Pattison, S.; Berrar, D.; Ternan, N. G.; Haylock, R. W.; Moore, J. E.;Elborn, S. J. e Dooley, J. S.G.(2010). Pseudomonas aeruginosa Cystic Fibrosis isolates of similar RAPD genotype exhibit diversity in biofilm forming ability in vitro. BMC Micro. ,10(38): 1471-2180.

Dillon,B.;Thomas,L.;Mohmand,G.;Zelynsky,A.andlredell,J.(2005).Multiplex PCR for screening of integrons in bacterial lysates . J. Microbiol. Methods,62:221-232.

Dizbay, O. Tunccan, B. Sezer, F. Aktas, D.(2009). ArmanNosocomial *Burkholderia cepacia* infections in a Turkish University Hospital: a five-year surveillanceJ Infect Dev Countries, 3 (4) , pp. 273-277.

Dolejska, M.; Villa, L.; Poirel, L.; Nordmann, P.; Carattoli, A.(2013). Sequenciamento completo de um plasmídeo IncHI1 que codifica a carbapenemase NDM-1, a ArmA 16S RNA metilase e uma bomba de divisão celular de resistência-nodulação / efluxo de múltiplas drogas.*J. Antimicrob*. Chemother, 68, 34-39.

Dorr, T.; Lewis, K.; Vulic, M.(2009).A resposta SOS induz a persistência às fluoroquinolonas em Escherichia coli. PLoS Genet, 5, 000760.

Duff, C., Murphy, P. G., Callaghan, M. & McClean, S. (2006). Diferenças na invasão e translocação de espécies do complexo Burkholderia cepacia em células epiteliais pulmonares polarizadas in vitro. Microb Pathog 41, 183-192.

Elamenya, Lk.; Nyamweya, N.; Wafula, Cn. E Okalebo, A. (2015). Suscetibilidade antimicrobiana de bactérias que causam sepse de ferida nos pacientes cirúrgicos pediátricos no Hospital Nacional Kenyatta. African J Pharmacol Ther ;4(1):21-7.

Elufisan, T.O.; Oyedara, O.O.; Oyelade, B.(2012).Actualizações sobre a resistência microbiana aos medicamentos. Afr. *J. Microbiol.* Res., 6, 4833-4844.

Fahadawi, A., Mohammed, A., Obadi, A., Waleed, I., & Hasan, A. S. (2019). Antibiograma de Pseudomonas aeruginosa isolado de infecções de queimaduras e feridas entre pacientes internados e ambulatoriais que frequentam o Hospital Universitário de Ramadi em Ramadi, Iraque. *Jornal Académico Egípcio de Ciências Biológicas, G. Microbiologia, 11*(1), 13-22.

Fatemeh Moradian kouchaksaraei, Elaheh Ferdosi Shahandashti, Zahra Molana, Masomeh Moradian kouchaksaraei, Fariba Asgharpour, _Ali Mojtahedi, Ramazan Rajabnia*(2012)*. Deteção molecular de genes Integron e padrão de resistência a antibióticos em estirpes de *Pseudomonas aeruginosa* isoladas da unidade de cuidados intensivos, Hospital Shahid Beheshti, Norte do IrãoOutono, Vol 1, No4.

Fernández, L., Álvarez-Ortega, C., Wiegand, I., Olivares, J., Kocíncová, D., Lam, J. S., ... & Hancock, R. E. (2013). Caracterização do resistoma de polimixina B de Pseudomonas aeruginosa. *Antimicrobial agents and chemotherapy*, *57*(1), 110-119.

Flemming, H.C.; Wingender, J.(2010).A matriz do biofilme. Nat. Rev. Microbiol, 8,623-633.

Fluit, A.C. e Schmitz, F.J. (2004). Integrões e Super-Integrões de Resistência. Microbiologia Clínica e Infeção, 10(4): 272-288.

Forbes, S. e Weissfeld. (2007). Bailey & Scott's diagnostic microbiology, 12thedition. Mosby, Inc., St. Louis, Mo.

Fonseca, É. L., Vieira, V. V., Cipriano, R., & Vicente, A. C. (2005). Integrons de classe 1 em isolados de Pseudomonas aeruginosa de ambientes clínicos da região Amazônica, Brasil. FEMS Immunology & Medical Microbiology, 44(3), 303-309.

Francis RO, Wu F, Phyllis DL, Shi J e Whittier S.(2012). Deteção rápida de genes de carbapenemase de Klebsiella pneumoniae em

Enterobacteriaceae diretamente a partir de frascos de cultura de sangue por PCR em tempo real. Am J Clin Pathol. 137(4):627-32.

Frykberg, Rg.(2002). Úlceras do pé diabético: Patogénese e gestão. Am Fam Phys 66:1655-1662.

Galan, J.E. e Curtis, R. (1991). Distribution of the Inv A, -B, -C and -D Genes of *Salmonella Typhimurium* Among Other *Salmonella Serovars Inv A* Mutants of *Salmonaella Typhi* Are Deficient for Entry into Mammalian Cells. J. Clin. Microbiol, 25: 123-6.

Ganesh, P. S., Vishnupriya, S., Vadivelu, J., Mariappan, V., Vellasamy, K. M., & Shankar, E. M. (2019). Sobrevivência intracelular e evasão imune inata de Burkholderia cepacia: Melhor compreensão dos fatores de virulência controlados por deteção de quorum, biofilme e inibidores. *Microbiologia e imunologia.*

Garnier, F.; Taourit, S.; Glaser, P.; Courvalin, P.; Galimand, M.(2000). Caracterização do transposão Tn1549, que confere resistência do tipo VanB em Enterococcus spp. F. O'Grady. 1971. Antibiotic and Chemotherapy, Third ed. E. & S. Livingstone, Edinburgh.

Gautam, P. Ray, G.D. Puri, K. Sharma, P. Vandamme, S.K. Madhup, *et al* (2009).Investigação do complexo *Burkholderia cepacia* em doentes com septicemia num hospital de cuidados terciários, ÍndiaNepal Med Coll J, 11 (4), pp. 222-224.

Gautam, P. Ray, G.D. Puri, K. Sharma, P. Vandamme, S.K. Madhup, *et al* (2009).Investigação do complexo *Burkholderia cepacia* em doentes com septicemia num hospital de cuidados terciários, ÍndiaNepal Med Coll J, 11 (4), pp. 222-224.

Genessung-pin tseng, wan-chi tsai, chih-yuan liang, yin-shiou lin, jun-wei huang, chung-yu chang,yu-chang tyan, po-liang lu2,3,5(2014*)*. a contribuição dos mecanismos de resistência a antibióticos em isolados clínicos do complexo *burkholderia cepacia*: uma ênfase na atividade da bomba de efluxo .Plos one | www.plosone.org 1 de agosto , volume 9 , número 8 , e104986.

George, S. e Kishen, A. (2007). Efeito dos fluidos dos tecidos na hidrofobicidade e aderência de Enterococcus faecalis à dentina. J. Endod., 33(12):1421-1425.

Gerbersdorf, S. U., & Wieprecht, S. (2015). Bioestabilização de sedimentos coesivos: revisitando o papel das condições abióticas, fisiologia e diversidade de micróbios, secreção polimérica e arquitetura de biofilme. *Geobiologia*, *13*(1), 68-97.

Gillings, M.R.(2014). Integrons: Passado, presente e futuro. Microbiol. Mol. Biol. Rev., 78, 257-277.

Gilliver, Sc. E Ashcroft, Gs .(2007). Esteróides sexuais e cicatrização de feridas cutâneas: As Influências Contrastantes dos Estrogénios e Androgénios. Climatério; 10: 276-88.

Giovanni bonfiglio, (1998). De bactérias gram-positivas cocais e coco-bacilares resistentes à vancomicina. J. Microb. Methods.

Goodwine, J., Gil, J., Doiron, A., Valdes, J., Solis, M., Higa, A., ... & Sauer, K. (2019). As condições de depleção de piruvato induzem a dispersão do biofilme e aumentam a eficácia dos antibióticos na eliminação de biofilmes in vitr o e in vivo. *Relatórios científicos*, *9*(1), 1-16.

Goudarzi1, M Fazeli2, MAzad3, SS Seyedjavadi4, R Mousavi5, M Rashidan1, E Azargashb(2016).Carriage of Class 1 and Class 2 Integron in Multidrug Resistant *Pseudomonas aeruginosa* Isolated from Burn Patients in Tehran Hospitals, IranWest Indian Med J; 65 (1): 32.

Govan, J.R. e Deretic, V. (1996) Patogénese microbiana na fibrose quística: *Pseudomonas Aeruginosa* mucoide e Burkholderia Cepacia. Microbiological Review , 1996; 60(3), 539-574.

Hall, R.M. e Collis, C.M. (2005). Cassetes de genes móveis e integrões: captura e disseminação de genes por recombinação específica do local. Mol.Microbiol. 15(4), 593-600.

Handzlik, J.; Matys, A.; Kieć-Kononowicz, K.(2013) .Avanços recentes em inibidores de bombas de efluxo de bactérias Gram-positivas *S. aureus com* resistência a múltiplos fármacos (MDR). Antibiotics, *2*, 28-45.

Harley, J. P. e Prescott, L.M. (1996). Exercícios de Laboratório em Microbiologia. 3rd -Ed . MC Grow-Hill . EUA.

Hauck, S., & Maiden, M. C. (2018). Bactérias patogênicas em evolução clonal. Em *Mecanismos Moleculares de Evolução Microbiana* (pp. 307-325). Springer, Cham.

Huang, K.C.; Mukhopadhyay, R.; Wen, B.; Gitai, Z.; Wingreen, N.S.(2008) Cell shape and cell-wall organization in Gram-negative bacteria. *Proc. Natl. Acad. Sci. USA*, *105*, 19282-19287.

Hudson , L. e Hay , F. C. (1980) . Practical Immunology . 2a Ed. Blackwell. 15 (4) : 586-593 .

Itah, A. Y. e J. P. Essien (2005). Perfil de crescimento e potencial hidrocarbonoclástico de microrganismos isolados de bolas de alcatrão na baía de Bonny, Nigéria. World Journal of Microbiology and Biotechnology, 21(6-7) : 1317-1322.

Jain, Sk. E Barman, R. (2017). Perfil bacteriológico da úlcera do pé diabético com referência especial a cepas resistentes a medicamentos em um centro de atendimento terciário no nordeste da Índia. Indian J Endocr Metab ;21:44-50.

Javedh, S.; Sandra, S.; Bhagavan, K.R.; Pappu, A.k. e Sinha, A. J. (2011). Um estudo sobre o perfil bacteriológico e o padrão de suscetibilidade a antibióticos em pacientes com úlceras do pé diabético em um hospital universitário de cuidados terciários Perfil microbiológico da úlcera do pé diabético. Calicut Med Journal ;9(3):E1-4.

Jawetz, E.; Melnick, J.I. e Adelberg, E.A. (2007). Medical Microbiology (24nd Ed.). Appleton and Lange U.S.A.

Jeong, J. H.; Shin, K. S.; Lee, J. W.; Park, E. J. e Son, S. Y. (2009). Análise de um novo gene de metalo-β-lactamase contendo integron de classe 1 Vim-2 em *Pseudomonas Aeruginosa*. The Journal of Microbiology, 47, 753-759.

Jhamb S, Vangaveti V N, Malabu U H(2016). Base genética e molecular das úlceras do pé diabético: Revisão Clínica. Journal of Tissue Viability; 25(4): 229-236.

Johansson, A., & Dahlén, G. (2018). Fatores de virulência bacteriana que contribuem para a patogênese periodontal. Em *Pathogenesis of Periodonta* Diseases (pp. 31-49). Springer, Cham.

Jvo Siegrist(2007). Diretor de Produto de Microbiologia, ivo.siegrist@sial.com, *Analytix Volume Artigo 5*.

Katherine A. rhodes1,2 e herbert p. schweizer1, (2016) antibiotic resistance in *burkholderia* species drug resist up dat. ; 28: 82-90. doi:10.1016/j.drup..07.003.

Katherine A. Rhodes1,2 e Herbert P. Schweizer1,(2017). Resistência a antibióticos em espécies de *Burkholderia*.Drug Resist Updat. Manuscrito do autor; disponível no PMC em 01 de setembro.

Khalifa, M. M., Elkhawaga, A. A., Hassan, M. A., Zahran, A. M., Fathalla, A. M., El-Said, W. A., & El-Badawy, O. (2019). Sensoriamento eletroquímico altamente específico de Pseudomonas aeruginosa em pacientes que sofrem de úlceras de córnea: Um estudo comparativo. *Relatórios científicos*, *9*(1), 1-12.

Kirketerp, Jensen PØ, Fazli M, Madsen KG, Pedersen J, Moser C, Tolker-Nielsen T, Høiby N, Givskov M, Bjarnsholt T.(2008). *Distribuição, organização e ecologia de bactérias em feridas crónicas.* Jornal de microbiologia clínica; 46; 8; p2717-22.

laurent poirel, thierry lambert, salih tu¨rkoglu¨ , esthel ronco, jean-louis gaillard, and patrice nordmann1*(2001). characterization of class 1 integrons from *pseudomonas aeruginosa* ,Antimicrobial agents and chemotherapy, p. 546-552.

linda furlanis, lucia corich, lucilla dolzani, enrico angelo tonin, cristina lagatolla(2010). caraterização de integrões em isolados clínicos *de burkholderia cepacia*.microbiologia medica, vol. 25 (1).

Lipsky BA, Berendt AR, Cornia PB, *et al*(2012). Sociedade de Doenças Infecciosas da América diretriz de prática clínica para o diagnóstico e tratamento de infecções do pé diabético. Clin Infect Dis;54:132-73.

Lipsky, Ba.; Richard, Jl. e Lavigne, Jp. (2013). Microbioma da úlcera do pé diabético; Um pequeno passo para a microbiologia molecular. Um salto gigante para entender as úlceras do pé diabético. Diabetes. 62: 679-81.

Liston, S. D., McMahon, S. A., Le Bas, A., Suits, M. D., Naismith, J. H., & Whitfield, C. (2018). A despolimerase periplasmática fornece uma visão sobre a secreção dependente do transportador ABC de polissacarídeos capsulares bacterianos. *Anais da Academia Nacional de Ciências*, *115* (21), E4870-E4879.

Labbate M, Case RJ, Stokes HW. O sistema integron/gene cassette: um ator ativo na adaptação bacteriana. Methods Mol Biol. 2009;532:103-125. doi: 10.1007/978-1-60327-853-9_6. [PubMed] [CrossRef] [Google Scholar]

Liu, M.; Douthwaite, S.(2002). A atividade da cetolida telitromicina é refractária à monometilação Erm do rRNA bacteriano. Antimicrob. Agents Chemother, 46,1629-1633.

Mac Faddin , J. F. (2000) . Teste Bioquímico para Identificação de Bactérias Médicas, 3rd - Ed. William e Wilkins Co. London . Macrólidos. Chem Rev 105:499-528.

Mackiewicz, Z., Konttinen, Y. T., Kaivosoja, E., Stegajev, V., Wagner, H. D., Levón, J., & Tiainen, V. M. (2016). Matriz extracelular e regeneração de tecidos. Em *Medicina Regenerativa - do Protocolo ao Paciente* (pp. 1-55). Springer, Cham.

Malikunnisa e R. Begum (2005). "Bacteriologia do pé diabético: antibiograma, estudos de CIM, rastreio de MRSA e avaliação do agente de limpeza de feridas", *Indian Journal of Applied Microbiology*.

Mamdouh ME, Saif-AI A. (2012) Infeção do pé diabético: Causas bacteriológicas e terapia antimicrobiana. Journal of American Science; 8(10):389-93.

Manenzhe RIZH, Nicol MP, Kaba M. (2015).A propagação de bactérias produtoras de carbapenemases em África: uma revisão sistemática. J Antimicrob Chemother. 70(1):23-40.

Mann T, Ben-David D, Zlotkin A, Shachar D, Keller N, Toren A, Nagler A, Smollan G, Barzilai A, Rahav G. (2010) Um surto de bacteremia por Burkholderia cenocepacia em doentes oncológicos imunocomprometidos. Infection ;38:187-94. [PubMed].

Mateus, J. R. G. A. R. (2016). Origem e evolução do determinante de resistência aos β-lactâmicos em estafilococos.

Maver, T., Maver, U., Pivec, T., Kurečič, M., Persin, Z., & Kleinschek, K. S. (2018). Materiais de tratamento de feridas à base de polissacarídeos. Em *Materiais de polissacarídeos bioativos para cicatrização de feridas modernas* (pp. 9-24). Springer, Cham.

Mazel, D. (2006). Integrões: Agents of Bacterial Evolution. Nature Reviews Microbiology, 4(8):608-620.

McMenamin, J. D., T. M. Zaccone, T. Coenye, P. Vandamme, e J. J. LiPuma. (2000). Misidentification of Burkholderia cepacia in U.S. cystic fibrosis treatment centers: an analysis of 1051 recent sputum isolSekhar , S.M.; Vyas, N.; 1665.

Michael CA, Dominey-Howes D, Labbate M.(2014). A crise da resistência antimicrobiana: causas, consequências e gestão. Front Pub Health; 2:145. [PubMed: 25279369].

Mike, A.; Bhuvana, M.; Nicole, O.G. e Steven, P. (2008). Herança epigenética baseada na evolução da resistência aos antibióticos em bactérias: divisão de biologia do desenvolvimento: fundação de investigação do hospital pediátrico, OH 45229-EUA.

Mohammad, Z. e Abida ,M.(2015).Jamal Ahmad. Úlcera do pé diabético: Uma revisão. Jornal Americano de Medicina Interna; 3(2): 28-49. B.

Monteiro, R.; Vitorino, R.; Domingues, P.; Radhouani, H.; Carvalho, C.; Poeta, P.; Torres, C.; Igrejas, G. (2012).Proteoma de uma estirpe clínica de *Staphylococcus aureus* resistente à meticilina de sequência tipo ST398. *J. Proteom*, *75*, 2892-2915.

Mushtaq S, Warner M, Livermore DM(2010). Atividade in vitro de ceftazidima+NXL104 contra Pseudomonas aeruginosa e outros não fermentadores. J Antimicrob Chemother;65:2376-81. [PubMed].

Nadu, T.; Iyanar, K.; Premavathy, Rk.; Cecilia, S. E Jayalakshmi M. S Sp, *et al.*(2014). Isolamento e Suscetibilidade Antibiótica de Bactérias de Infecções do Pé nos Pacientes com Diabetes Mellitus Tipo I e Tipo Ii no Distrito de. Int J Res Med Sci ;2(2):457-61.

naliaka, m. a. (2011). *um estudo comparativo dos perfis de resistência a antibióticos entre bactérias entéricas em frangos de carne e frangos tradicionais de explorações seleccionadas em kericho, quénia* (dissertação de doutoramento, universidade de kenyatta).

Nasser, W.; Beres, S.B.; Olsen, R.J.; Dean, M.A.; Rice, K.A.; Long, S.W.; Kristinsson,K.G.; Gottfredsson ,M.; Vuopio, J.; Raisanen ,K.; Caugant, D.A.; Steinbakk, M.; Low, D.E.; McGeer, A.; Darenberg, J.; Henriques-Normark, B.; Van Beneden, C.A.; Hoffmann, S.; Musser, J.M. (2014).Henriques-Normark, B.; Van Beneden, C.A.; Hoffmann, S.;

Musser, J.M. (2014). Caminho evolutivo para aumentar a virulência e a doença epidémica do Streptococcus do grupo A derivada de 3.615 sequências genómicas. Proc. Natl. Acad. Sci. U. S. A, 111(17).

Nawroth, J. C., Guo, H., Koch, E., Heath-Heckman, E. A., Hermanson, J. C., Ruby, E. G., ... & McFall-Ngai, M. (2017). Os cílios móveis criam microhabitats mecânicos fluidos para o recrutamento ativo do microbioma hospedeiro. *Actas da Academia Nacional de Ciências*, *114*(36), 9510-9516.

Nagaraj S, Chandran SP, Shamanna P, Macaden R.(2012) . Resistência aos carbapenemes entre Escherichia coli e Klebsiella pneumoniae num hospital de cuidados terciários no sul da Índia. Indian J. Med. Microbiol. 30(1): 93-95.

Noor S, Khan R, Ahmad j. (2017). Compreender a infeção do pé diabético e sua gestão. Diabetes e Síndrome Metabólica: Clinical Research & Reviews; 11 (2): 149-156.

Noor, S., Borse, A. G., Ozair, M., Raghav, A., Parwez, I., & Ahmad, J. (2017). Marcadores inflamatórios como fatores de risco para infeção por micróbios multirresistentes em indivíduos com pé diabético. *The Foot*, *32*, 44-48.

Omar, N., El Raouf, H. A., Okasha, H., & Nabil, N. (2015). Avaliação microbiológica de isolados do complexo Burkholderia cepacia (BCC) no Hospital Universitário Principal de Alexandria. *Alexandria Journal of Medicine*, *51*(1), 41-46.

Paczkowski, J. E., Mukherjee, S., McCready, A. R., Cong, J. P., Aquino, C. J., Kim, H., ... & Bassler, B. L. (2017). Os flavonóides suprimem a virulência de Pseudomonas aeruginosa por meio da inibição alostérica de receptores de deteção de quorum. *Jornal de Química Biológica*, *292*(10), 4064-4076.

Pamp, S.J.; Gjermansen, M.; Johansen, H.K.; Tolker-Nielsen, T.(2008) A tolerância ao péptido antimicrobiano colistina em biofilmes de pseudomonas aeruginosa está associada a células metabolicamente activas e depende dos genes pmr e mexab-oprm. Mol. Microbiol, 68, 223-240.

Parvin hosseini pour., hassan momtaz*., amir arsalan serajyan., elahe tajbakhshl. (2015). investigando integrões de classe i, ii e iii na multirresistência em *pseudomonas aeruginosa* isoladas de infecções hospitalares em ahvaz .international journal of medical laboratory;2(3):168-176.

Paterson, D.L. e Bonomo ,R.A .(2005) Extended-spectrum beta-lactamases: a clinical update. Clin. Micro. , 18: 657-686.

Pegues, D. A. (2017). Complexo Burkholderia cepacia. *Doenças Infecciosas e Agentes Antimicrobianos*.

Peshattiwar,P.D. and Peerapur, B.V.(2011).ESBL and MBL Mediated Resistance inPseudomonas aeruginosa: An EmergingThreat to Clinical Therapeutics. Jornal de Investigação Clínica e de Diagnóstico. 5 : 1552-1554.

Pickwell, Km.; Siersma, Vd.; Kars, M.; Holstein, Pe.And Schaper, Nc. *Et Al.* (2013). Doença do pé diabético: Impacto da localização da úlcera na cicatrização da úlcera. Diabetesmetab Res Rev 29: 377-383.

Pier, G. B. e R. Ramphal (2005). Pseudomonas aeruginosa. Mandell, Douglas e Bennet's Principles and Practice of Infectious Diseases. Philadelphia, Elsevier Churchill Livingstone Inc., 2587-2615.

Porter LA, Goldberg JB. (2011) Influência dos defeitos dos neutrófilos na patogénese do complexo Burkholderia cepacia. Frontiers Cellular Infect Microbiol;1:9. [PubMed].

Pratley R E.(2013). O tratamento precoce da diabetes tipo 2. The American Journal of Medicine, Suplemento de Revisão; 126(9): S2-S9.

Pray, L.A. (2008) .Transposons: Os genes que saltam. Nat. Educ., 1, 204.

Qu, Y.; Daley, A.J.; Istivan, T.S.; Rouch, D.A.; Deighton, M.A. (2010) O modo de crescimento densamente aderente, em vez da capacidade de acumulação da matriz de substâncias poliméricas extracelulares, contribui para a elevada resistência dos biofilmes de *Staphylococcus epidermidis* aos antibióticos. *J. Antimicrob. Chemother*, *65*, 1405-1411.

Rahim, K., Saleha, S., Zhu, X., Huo, L., Basit, A., & Franco, O. L. (2017). Contribuição bacteriana na cronicidade das feridas. *Ecologia microbiana*, *73*(3), 710-721.

Raja NS. (2007). Microbiologia das infecções do pé diabético num hospital universitário da Malásia: um estudo retrospetivo de 194 casos. J Microbiol Immunol. Infect.;14(1):45- 9.

Rani V, Nithyalakshmi J. (2014). Um estudo comparativo de infecções de feridas diabéticas e não diabéticas com referência especial a MRSA e ESBL. Int J Curr Microbiol App Sci;3(12):546-54.

Rathur, Hm. E Boulton, Aj.(2007). O Pé Diabético. Clin Dermatol .25.109-20.

Rice LB, Sahm D, Bonomo RA. (2003).Mecanismos de resistência a agentes antibacterianos. In: Murray PR, Baron EJ, Pfaller MA, Jorgensen

JH, Yolken RH, editores. Manual de microbiologia clínica. 8ª ed., Washington, D.C.: ASM. Washington, D.C: ASM Press;. p. 1074- 101.

Richard JL, Sotto A, Lavigne JP.(2011). Novos conhecimentos sobre a infeção do pé diabético. World J Diabetes. Fev;2(2):24-32.

Roschanski N, Fischer J, Guerra B, Roesler U.(2014). Desenvolvimento de uma PCR multiplex em tempo real para a deteção rápida dos genes de beta-lactamase predominantes CTX-M, SHV, TEM e CITtype AmpCs em Enterobacteriaceae. PLoS One 9:e100956.

Saladin,M.;Cao,V.T.;Lambert,T.;Donay ,J.L.;Herrmann,J.L.;Ould-Hocine,Z.;Verdat,C.;Delisle,F.;Philippon,A.andArlet ,G.(2002).Diversidade de beta- lactamases CTX-M e respectivas regiões promotoras de Enterobacteriaceae isoladas em três hospitais parisienses.

Sambrook, G.; Eritfc, EF. e Mainiatis, T. (1989). Molecular Cloning: A Laboratory Manual, Second Edition, por Cold Spring Harbor Laboratory Press. Estados Unidos da América.

Sanchez, C.J.; Jr.; Mende, K.; Beckius, M.L.; Akers, K.S.; Romano, D.R.; Wenke, J.C.; Murray, C.K.(2013) .Biofilm formation by clinical isolates and the implications in chronic infections. BMC Infect. Dis., 29, 13-47.

Sanjith, S.; Manisa, S.; Roonam, C.; Edwin, P.; Arun, B.; Pallavi, B.; Priyadharshini, S. e Padma, K. (2018).Epidemiologia das infecções do pé diabético em um hospital terciário de referência na Índia.revista brasileira de microbiologia 401-406.

Sapio, M.*, et al.* (2009). Microbiologia clínica e infeção. A publicação oficial da Sociedade Europeia de Imunologia Clínica e de Vacinas. CVI, 16: 147.

Shabaki, J.(2014). Avaliação bacteriológica de infecções do pé diabético de pacientes no hospital Al-Salam na cidade de Mosul / Iraque e padrão de sensibilidade a antibióticos. Int J Adv Res ;2(5):614-23.

Shankar, E.; Mohan, V.; Premalatha ,G.; Srinivasan, R. E Usha.(2005). A.Etiologia bacteriana das infecções do pé diabético no sul da Índia.Eur J Intern Med ;16(8):567-70.

Sharanya, R. (2018). *Identificação, caraterização e padrão de resistência antimicrobiana de bacilos gram-negativos não fermentadores de vários isolados clínicos* (Dissertação de doutoramento, Kilpauk Medical College, Chennai).

Shekhar , S.M.; Vyas, N.; Unnikrishnan, M.K.; Rodrigues ,G.S.;Mukhopadhyay .(2014). Padrão de suscetibilidade antimicrobiana na úlcera do pé diabético: Um Estudo Piloto. Anais da Pesquisa em Ciências Médicas e da Saúde, 4 (5): 742-5.

Shettigar, K., Bhat, D. V., Satyamoorthy, K., & Murali, T. S. (2018). Gravidade da resistência aos medicamentos e coexistência de Enterococcus faecalis em infecções de úlcera de pé diabético. *Folia microbiologica*, *63*(1), 115-122.

Sivanmaliappan T, Sevanan M.(2011) . Padrões de suscetibilidade antimicrobiana de Pseudomonas aeruginosa de doentes com diabetes e úlceras nos pés. Int J Microbiol. Artigo ID 605195.

Skariyachan, S., Sridhar, V. S., Packirisamy, S., Kumargowda, S. T., & Challapilli, S. B. (2018). Perspectivas recentes sobre a base molecular da formação de biofilme por Pseudomonas aeruginosa e abordagens para tratamento e dispersão de biofilme. *Folia microbiologica*, *63*(4), 413-432.

Solano, C.; Echeverz, M.; Lasa, I. (2014).Biofilm dispersion and quorum sensing. *Curr. Opin. Microbiol.*, *18*, 96-104.

Soto, S.M. (2013).Papel das bombas de efluxo na resistência aos antibióticos de bactérias incorporadas num biofilme. *Virulence*, *4*, 223-229.

Sousa A, Ramos G, Leita˜o H.(2011). Complexo Burkholderia cepacia: agentes patogénicos emergentes multihost equipados com uma vasta gama de factores de virulência e determinantes. Int J Microbiol 2010;:1-9.

Spichler, A.; Hurwitz, Bl.; Armstrong, D. e Lipsky, BA (2015). Microbiologia das infecções do pé diabético: De Louis Pasteur a 'Investigação da cena do crime'. Medicina Bmc.

Stepanovic, S.; Cirkovic, I.; Ranin, L.; Svabic-Vlahovic, M.(2004). Formação de biofilme por Salmonella spp. e Listeria monocytogenes na superfície de plástico. Cartas em Microbiologia Aplicada; 38:428-432.

Stewart, P.S. (2015).Tolerância antimicrobiana em biofilmes. Microbiol. Spectr. 3.

Suzuki-Minakuchi, C., & Navarre, W. W. (2019). Silenciamento xenogênico e transferência horizontal de genes. No *tráfego de DNA no meio ambiente* (pp. 1-27). Springer, Singapura.

Swarna SR, Radha M, Gomathi S, *et al.* (2012). Um estudo do Biofilme na Úlcera do Pé Diabético. Revista Internacional de Investigação em Ciências Farmacêuticas e Biomédicas; 3(4):1809-14.

Tamma, P. D., Fan, Y., Bergman, Y., Sick-Samuels, A. C., Hsu, A. J., Timp, W., ... & Greenberg, D. E. (2018). Tratamento bem-sucedido da bacteremia persistente do complexo *Burkholderia cepacia* com ceftazidima-avibactam. *Agentes antimicrobianos e quimioterapia*, *62*(4), e02213-17.

Thaker, M.; Spanogiannopoulos, P.; Wright, G.D. (2010). O resistoma da tetraciclina. *Cell. Mol. Life Sci.*, *67*, 419-431. : 2073-8854 & Online ISSN: 2311-6544 .

Thomsen T.R., Aasholm M.S., Rudkjøbing V.B., Saunders A.M., Bjarnsholt T., Givskov M., Kirketerp-Møller K., Nielsen P.H.(2010). *A bacteriologia da úlcera venosa crónica da perna examinada por métodos moleculares independentes da cultura.* Reparação e regeneração de feridas;18; 1; p38-49.

Tiwari, S.; Pratyush, Dd.; Dwivedi, A.; Gupta, Sk. E Singh, Sk.(2012). Artigo original Características microbiológicas e clínicas das infecções do pé diabético no norte da Índia. J Infect Dev Ctries ;6(4):2-5.

Tseng SP, Tsai WC, Liang CY, Lin YS, Huang JW, Chang CY, Tyan YC, Lu PL(2014). A contribuição dos mecanismos de resistência a antibióticos em isolados clínicos do complexo Burkholderia cepacia: uma ênfase na atividade da bomba de efluxo. PLoS One;9:e104986. [PubMed].

Turhan, V.; Mutluoglu, M.; Acar, A.; Hatipoglu, M.; Onem, Y. E Uzun, G. *et al.*(2013). Aumento da Incidência de Organismos Gram-Negativos em Agentes Bacterianos Isolados de Úlceras do Pé Diabético. J Infect Dev Ctries ;7(10):707-12.

Valentine W J, Pollock R F, Saunders Rhodri, Bae Jay, Norrbacka Kirsi, Boye Kristina.(2017). O modelo Prime Diabetes: Novos métodos para estimar resultados clínicos e de custos a longo prazo no diabetes mellitus tipo 1. Value in Health; Artigo no prelo.

Van Acker, H., Sass, A., Bazzini, S., De Roy, K., Udine, C., Messiaen, T., ... & Coenye, T. (2013). As células do complexo Burkholderia cepacia cultivadas em biofilme sobrevivem ao tratamento com antibióticos, evitando a produção de espécies reativas de oxigênio. *PLoS One*, *8*(3).

Van Dross-Anderson, R., & Ladin, D. A. (2018). Drogas que visam as paredes celulares bacterianas. *E -Book de Farmacologia Humana de Brody*, 479.

Vetting, M.W.; Hegde, S.S.; Wang, M.; Jacoby, G.A.; Hooper, D.C.; Blanchard, J.S.(2011). Estrutura de QnrB1, um fator de resistência à fluoroquinolona mediado por plasmídeo. *J. Biol. Chem.*, 286, 25265-25273.

Vilain ,S.; Cosette, P.; Zimmerlin, I.; Dupont, JP.;Junter, GA.e Jouenne, T.(2004). Proteoma de biofilme: Homogeneidade ou Versatilidade? J Proteome Res, 3(1):132-136. 10.

Walsh, T. R., M. A. Toleman, L. Poirel, e P. Nordmann. (2005). Metallo--lactamases: the quiet before the storm? Clin. Microbiol. Rev. 18:306-325.

Wang, Ah.; Xu, Zr. E Ji, Ln. (2012). Características clínicas e custos médicos de diabéticos com amputação nos hospitais urbanos centrais de Kirketerp-Møller na China. Zhonghua Yi Xue Za Zhi;92:224-7.

Wilkinson H.N., Hardman M.J. (2017). O papel do estrogénio no envelhecimento e reparação cutânea. Maturitas; 103:60-64.

Williams, P., & Cámara, M. (2009). Quorum sensing e adaptação ambiental em Pseudomonas aeruginosa: um conto de redes reguladoras e moléculas sinalizadoras multifuncionais. *Opinião atual em microbiologia*, *12*(2), 182-191.

Williams, P., Camara, M., Hardman, A. & 7 outros autores (2000). Quorum sensing e o controlo da virulência dependente da população. Philos Trans R Soc Lond B Biol Sci 355, 667-680.

Williams, SA.; Slatko, BE. e Mccarrey, JR. (2007). Investigações laboratoriais em Biologia Molecular. P.221.

Woodford, N.; Ellington, M.J. (2007).The emergence of antibiotic resistance by mutation. Clin. Microbiol. Infect., 13, 5-18.

Organização Mundial de Saúde. Relatório Global sobre a Diabetes (2016). 978. ISBN 978 92 4 156525.

Yamaguchi, A.; Nakashima, R.; Sakurai, K. (2015). Base estrutural de exportadores de múltiplas drogas do tipo RND. *Front. Microbiol.*, *6*, 327, doi:10.3389/fmicb.00327.

Yang, D.; Zhang, Z. (2008). As estirpes de Klebsiella pneumoniae formadoras de biofilme têm maior probabilidade de produzir beta-lactamases de espetro alargado. *J. Hosp.*Infect., 68, 369-371.

Yang, H., Cheng J., Hu L., Zhu Y. e Li J. (2012). Mecanismos de resistência antimicrobiana em Serratia marcescens. African J.Microbiol. Research, 6(21): 4427-4437.

Yazdanpanah, L.; Nasiri, M. E Adarvishi, S (2015). Revisão da literatura sobre a gestão da úlcera do pé diabético, 6 (1): 37-53.

Yousefi, S., Farajnia, S., Nahaei, M. R., Akhi, M. T., Ghotaslou, R., Soroush, M. H., ... & Jazani, N. H. (2010). Deteção de genes codificadores de metalo-β-lactamase entre isolados clínicos de Pseudomonas aeruginosa no noroeste do Irão. Microbiologia de diagnóstico e doenças infecciosas, 68(3),322-325.

Zhou, G., Shi, Q. S., Huang, X. M., & Xie, X. B. (2015). As três linhas bacterianas de defesa contra agentes antimicrobianos. *Revista internacional de ciências moleculares*, *16*(9), 21711-21733.

Zhou, G.; Shi, Q.; Ouyang, Y.; Chen, Y. (2014). Envolvimento de proteínas da membrana externa e genes sensores de peróxido na resistência de *Burkholderia cepacia* à isotiazolona. *World J. Microbiol. Biotechnol.*, *30*, 1251-1260.

Zlosnik JE, Costa PS, Brant R, Mori PY, Hird TJ, Fraenkel MC, Wilcox PG, Davidson AG, Speert DP (2011) . Bactérias mucoides e não mucoides do complexo Burkholderia cepacia em infecções de fibrose quística. American journal of respiratory and critical care medicine; 183:67-72. [PubMed].

الخلاصة:

تهدف الدراسة الى عزل وتشخيص البكتريا الهوائية من تقرحات القدم السكري في السكري في في مرضى السكري مع تحديد نمط مقاومة المضادات الحياتية. تضمنت الدراسة الحالية 120 عينة تم جمعها من مرضى مصابين بقرحة القدم السكرية الذين حضروا إلى مدينة الصدر الطبية ، خلال الفترة الممتدة من أغسطس 2019 إلى نوفمبر 2019 لكلا الجنسين بعمر تراوح بين 20 -70) سنة,أوضحت النتائج أن 100 (83.3)٪ من العينات اعطت زراعه إيجابية والاخرى 20 (16.7)٪ اعطت زراعه سالبه حيث اوضحت النتائج أن نسبه الذكور أكثر من 74 ، (61.7 ٪) إناث 46 (38.3)٪.حيث تم توزيع العينات حسب العمر يبدو مرتفعًا بنسبة 39.1٪ مع المجموعة 51-60 سنة. وضحت النتائج أن بكتيريا G-veكشفت عن نسبة عالية 71(61.7٪) و 21 (19.1 ٪) تخص E.coliثم p. 17 Aeruginosa .4.15٪) يليها K.pذات الرئة بنسبة 13.6٪) ، بروتين ميرابيليس 7(3.68٪) ، بروتين شائع3 (2.7) و .7) 8 Burkholderia cepacia 2٪

من أصل 100 عينة ، تنتمي 21 عزلة (19.1)٪ فقط إلى S. aureus S.epidermidis(اهيلة1816.3 ٪)بين العزلات البكتيرية ، ص. تم عزل Aeruginosa (17/100)) و B. cepetia (8/100) وتشخيصها من العينات السريرية لقرحة القدم السكرية والكشف عن المقاومة المضادة للبكتيريا لبعض العوامل المضادة للبكتيريا من الناحية المظهرية والجينية

تم تحديد بعض عوامل الضراوة المتعلقة بالمقاومة المضادة للبكتيريا مثل: الالتصاق وإنتاج الأغشية الحيوية. بينت الدراسة الحالية أن 15 عزلة (80٪) و 6 (45٪) من العزلات كانت قوية لتكوين الأغشية الحيوية ، 2 (15٪) ، 2 (22%) ، من ناحية أخرى لدراسة حساسية العزلات لمضادات حيوية مختلفة تم اختبارها بطريقة نشر القرص (كيربي باور) ظهرت النتائج أن الميروبينيم والميبينيم كانا المضاد الحيوي الفعال ضد جميع العزلات المختبرة (23٪ ، 37.5٪). بينما كان سيفوكسيتين وسيفيبيم أقل بنسبة 100٪. أظهرت P. aeruginosa مستويات مختلفة من المقاومة ل؛ سيفترياكسون وسيفوكسيتين وسيفيبيم بنسبة 100٪. توبراميسين وسيبروفلاكسين وليفوفلوكساسين بنسبة (41.1٪) ؛ ticarcllinمع حمض clavulalnic، piperacllin، ceftazidime، Amikacinبنسبة مئوية (35,2 ٪) ؛ aztreonamبنسبة (47,5) ؛ meropenemو imipenemبنسبة (23,5٪).

في الوقت نفسه؛ أظهرت عزلات B. cepaciaمستوى عالٍ من المقاومة لجميع فئات المضادات الحيوية β-lactâmicos التي تضمنت ؛ ceftriaxonaو cefoxitinaو Cefepimeبنسبة 100٪. ticarclinaو حمض clavulalnic ، piperaclina ، ceftazidima ، tobramicina ، ciproflaxinaو levofloxacinaبنسبة (87.5 ٪) ؛ aztreonamو amicacinaبنسبة (62,5) ؛ meropenem ، imipenemو gentiamicinaبنسبة (37,5٪).

في الدراسة الجزيئية ، تم استخدامه للكشف عن الأنواع الأربعة من المضادات الحيوية مثل (blaImp، blaOxa، blaKpc، blaCTX-M). أظهرت النتائج أن عزلات P. aerginosaكانت مع 8/17 (blaOXA و (17/10) من العزلات التي تحمل جين blaCTX-M ، وجميع عزلات p. أعطت aeruginosaنتيجة سلبية لجين blaIMPو blaKPCوأظهر تحليل PCRأن الجين integronكان (17/16) ، وبخصوص عزلات B. cepaciaكانت 8/6 مع blaOXAو ، blaCTX-Mأعطت جميع عزلات B. cepaciaنتائج سلبية من الجين blaIMPو ،blaKPCأظهر تحليل PCRأخيرًا أن الجين integrãoكان (8/3 ٪). أكدت هذه البيانات انتشارًا مرتفعًا لتكاملات الفئة 1 بين عزلات P. aeruginosaو B. cepaciaمن مرضى DFU. استنادًا إلى هذه النتائج ، قد تلعب الإنتغرينز دورًا مهمًا في الانتقال المحتمل لجينات المقاومة إلى البكتيريا الإكلينيكية.

MIX
Papier aus verantwortungsvollen Quellen
Paper from responsible sources
FSC® C105338

Printed by Books on Demand GmbH, Norderstedt / Germany